百度人工智能技术应用校企"双元"合作系列教材

高等职业教育计算机类课程
新形态一体化教材

U0178062

数据分析应用
项目化教程
（Python）

主编 孙仁鹏 何淼 董志勇

中国教育出版传媒集团
高等教育出版社·北京

内容简介

　　本书是由百度云智学院与多所双高院校共同编写的人工智能技术应用校企"双元"合作系列教材之一。

　　从数据中提取信息，探索数据内在规律并形成有效结论，需要使用数据分析技术，这也是高等职业教育人工智能技术应用专业后续课程的基础支撑。本书共包括9个项目：项目1介绍数据分析的概念、学习路径、分类和流程，使读者建立数据分析的总体认识；项目2搭建开发环境Anaconda，使用开发工具Jupyter Notebook，使用内置数据结构、函数和推导式，为数据分析做准备；项目3使用NumPy进行多维数组的创建、运算、操作、存取，面向数组编程，奠定数据分析基础；项目4～项目7使用Pandas进行数据分析；项目8使用Matplotlib图形库进行数据可视化分析；项目9运用所学知识和技术进行数据分析实战演练。

　　本书配有微课视频、课程标准、教学设计、授课用PPT、案例源码等数字化学习资源。与本书配套的数字课程"Python数据处理"在"智慧职教"及"中国大学 MOOC"平台上线，学习者可登录平台进行在线学习，授课教师可调用本课程构建符合自身教学特色的SPOC课程，详见"智慧职教"服务指南及前言说明。教师也可发邮件至编辑邮箱1548103297@qq.com获取相关资源。

　　本书以项目任务形式组织教学，由浅入深、图文并茂，着力培养学生的数据思维、学习能力和实践能力，可作为高等职业院校人工智能技术应用、大数据技术、计算机应用技术等相关专业的教材，也可作为 Python 数据分析及人工智能技术初学者的入门参考书。

图书在版编目（CIP）数据

　　数据分析应用项目化教程：Python / 孙仁鹏，何淼，董志勇主编. --北京：高等教育出版社，2023.8
　　ISBN 978-7-04-060579-2

　　Ⅰ. ①数… Ⅱ. ①孙… ②何… ③董… Ⅲ. ①软件工具-程序设计-高等职业教育-教材 Ⅳ. ①TP311.561

　　中国国家版本馆 CIP 数据核字（2023）第 098696 号

Shuju Fenxi Yingyong Xiangmuhua Jiaocheng (Python)

策划编辑	刘子峰	责任编辑	许兴瑜	封面设计	张雨微	版式设计	于 婕
责任绘图	易斯翔	责任校对	王 雨	责任印制	耿 轩		

出版发行	高等教育出版社	网　址	http://www.hep.edu.cn
社　址	北京市西城区德外大街4号		http://www.hep.com.cn
邮政编码	100120	网上订购	http://www.hepmall.com.cn
印　刷	鸿博昊天科技有限公司		http://www.hepmall.com
开　本	787 mm×1092 mm　1/16		http://www.hepmall.cn
印　张	18.5		
字　数	390 千字	版　次	2023 年 8 月第 1 版
购书热线	010-58581118	印　次	2023 年 8 月第 1 次印刷
咨询电话	400-810-0598	定　价	49.50 元

"智慧职教"服务指南

"智慧职教"（www.icve.com.cn）是由高等教育出版社建设和运营的职业教育数字教学资源共建共享平台和在线课程教学服务平台，与教材配套课程相关的部分包括资源库平台、职教云平台和 App 等。用户通过平台注册，登录即可使用该平台。

● 资源库平台：为学习者提供本教材配套课程及资源的浏览服务。

登录"智慧职教"平台，在首页搜索框中搜索"Python 数据处理"，找到对应作者主持的课程，加入课程参加学习，即可浏览课程资源。

● 职教云平台：帮助任课教师对本教材配套课程进行引用、修改，再发布为个性化课程（SPOC）。

1. 登录职教云平台，在首页单击"新增课程"按钮，根据提示设置要构建的个性化课程的基本信息。

2. 进入课程编辑页面设置教学班级后，在"教学管理"的"教学设计"中"导入"教材配套课程，可根据教学需要进行修改，再发布为个性化课程。

● App：帮助任课教师和学生基于新构建的个性化课程开展线上线下混合式、智能化教与学。

1. 在应用市场搜索"智慧职教 icve" App，下载安装。

2. 登录 App，任课教师指导学生加入个性化课程，并利用 App 提供的各类功能，开展课前、课中、课后的教学互动，构建智慧课堂。

"智慧职教"使用帮助及常见问题解答请访问 help.icve.com.cn。

前　言

　　当今社会已经进入数据时代，传统企业所面临的最大挑战或战略发展需求就是如何快速进行数字化转型，信息意识、数据思维或者说数据分析能力已经成为这个时代不可或缺的素质。无论是建设现代化产业体系，推动战略性新兴产业融合集群发展，还是促进数字经济和实体经济深度融合，打造具有国际竞争力的数字产业集群，都需要将数据资源及其隐含价值有效转化为服务、决策、产品，需要大量的数据分析高素质技术技能人才。开展数据分析和创新应用，实施数据工程活动，创造数据价值与发现数据隐含规律，则又需要以大数据、人工智能等为代表的新一代信息技术的强力支撑。

　　2019 年教育部增设了高等职业教育（专科）人工智能技术服务专业，2021 年更名为"人工智能技术应用"。目前，各高等职业院校已陆续开设人工智能技术应用专业，相关课程标准及课程资源建设全面推进，因此急需合适的系列课程教材，以满足相关教学和课程建设的需要。在此背景下，由南京信息职业技术学院人工智能学院一线教师与百度云智学院工程师共同组成校企"双元"合作编写团队，以期解决高等职业院校学生在数据分析相关课程学习上的痛点和困惑，便于学生学习和实践，并全程把握数据分析流程。

　　在本书的编写过程中，编者团队紧跟人工智能技术应用和数据智能行业应用的发展，基于数据分析认知内在逻辑和教材改革新成果，不断优化和创新教材内容、形式和载体，以期将最新的人工智能技术、数据智能技术以及行业发展动态及时纳入教学。为加快推进党的二十大精神进教材、进课堂、进头脑，结合高等职业院校学生在数据分析中的实际学习困难和建议，序化教材内容，着力培养学生数据思维、学习能力和实践能力，以及社会责任感和严谨细致的敬业精神、规范意识和创新思维，从而落实为我国现代化产业体系建设服务的复合型高技术技能人才战略培养要求。

　　本书基于 Python 3，在 Windows 平台上以 Anaconda 为主要开发工具，详细讲解 Python

数据分析的基础知识。全书共包括 9 个项目，具体内容如下。

项目 1 认识数据分析。主要内容包括数据、信息、数据分析概念和关系；定性和定量数据分析概念和区别；Python 与数据分析关系；Python 数据分析学习路径；数据分析的重要性和需求问题的发现；探索性数据分析和预测性数据分析概念、目的、步骤、工具和相互关系；数据分析流程和类别；认识特征工程和特征处理方法。通过本项目的学习，读者可以对数据分析有一个总体认识。

项目 2 准备数据分析。主要内容包括数据分析环境搭建与使用；开发工具 Jupyter Notebook 的使用技巧；Python 内置数据结构使用；序列函数和推导式使用；函数使用。本项目的学习是为数据分析做准备工作。

项目 3 NumPy 的多维数组处理与存取。主要内容包括认识 NumPy 的多维数组；创建多维数组；多维数组运算；多维数组的索引和切片操作；多维数组的数据处理；多维数组的操作；多维数组存取；标准差计算；数组乘法运算的 10 种情况探讨；轴 Axis 和缺失值 NaN 的探讨。本项目的学习是为数据分析奠定基础。

项目 4 Pandas 的数据对象构建和数据运算。主要内容包括构建 DataFrame 和 Series 数据对象；使用位置索引和标签索引操作、查询数据对象及索引变换；Series 和 DataFrame 的数据运算；数据对象的层次化索引操作；NumPy 和 Pandas 的索引、数据运算探讨。通过本项目的学习，奠定使用 Pandas 进行数据分析的数据结构和数据运算基础。

项目 5 Pandas 的数据读写。主要内容包括文本数据读写；JSON 和 Excel 数据读写；数据库数据读写。通过本项目学习，读者可以学会使用 Pandas 进行数据源的读取和存储。

项目 6 Pandas 的数据清洗和整理。主要内容包括数据清洗；数据合并；数据重塑；字符串矢量化处理。通过本项目的学习，读者可以学会数据分析中的数据预处理操作。

项目 7 Pandas 的数据分组与聚合。主要内容包括数据分组与聚合运算；分组级 apply 和 transform 运算；数据处理 map、apply、applymap 运算；某平台读书数据探索；数据预处理和数据探索探讨。通过本项目的学习，读者可以掌握数据分析中的数据探索，即分组与聚合以及数据转换。

项目 8 Matplotlib 图形库的数据可视化。主要内容包括使用 MATLAB 接口和面向对象接口绘制基础图形；设置图形样式和色彩；绘制其他 2D 图形；高阶绘图；两种绘图接口和绘图元素探讨。通过本项目学习，读者可以学会数据可视化这一数据分析中的重要环节。

项目 9 某短视频平台用户行为分析。主要内容包括数据导入和理解；问题定义；数据预处理；数据探索与可视化；结论。通过本项目学习，读者可以学会综合运用数据分析技术解决一般数据分析问题。

在学习过程中,读者务必亲自实践项目代码、调试代码、变换代码,结合围绕代码的知识应用解析、调试结果、图解核心技术,对比不同实现代码、调试理解运算过程、思考错误解决、归纳和对比技术,才能真正理解和灵活运用相关数据分析技术。

本书主要特色如下。

1. 依据内在认知逻辑序化内容

本书内容整体依据数据分析内在认知逻辑,即"数据对象认识—数据对象创建—数据对象操作—数据预处理—数据探索—数据可视化",序化内容,并以项目任务形式组织,由浅入深。

2. 资源融合,就近学习,再巩固

全书内容将知识应用解析、任务代码实现、图解核心技术原理三者相融合和精准捆绑,便于读者就近学习,再知识巩固和练习巩固,着力培养学生数据思维、学习能力和实践能力。

3. 构建数字化教学资源及课程

智慧职教
数字课程

本书配套以理论和实践相呼应为核心的微课视频资源以及其他各类项目拓展资源。与本书配套的数字课程"Python 数据处理"在"智慧职教"及"中国大学 MOOC"平台上线,读者可以扫描二维码了解课程内容并加入学习。通过借助数字化教育资源平台打造共享的在线课程,坚持问题导向、应用导向、效果导向,并随着技术发展和产业升级情况及时动态更新课程内容,体现现代信息技术与教育教学的深度融合,也进一步推动教育数字化发展。

本书由孙仁鹏、何淼和董志勇共同编写。孙仁鹏规划了教材内容结构并撰写项目 3~项目 8,何淼撰写项目 9 和项目 2 的部分内容,董志勇撰写项目 1、项目 2 的部分内容以及拓展阅读内容,孙仁鹏修订并统一了教材风格。本书在编写过程中,得到南京信息职业技术学院人工智能学院的大力支持和聂明教授的不断勉励,并得到雷雁、王利刚、任俊新、夏月平、倪雪瑜、陈奕悦、姜欣良、徐荣强、王子豪、龚佳怡、杜纪元等同志的大力协助,在此一并表示感谢。

尽管编写团队付出了很大的努力,但书中难免存在错误及不妥之处,敬请广大读者批评、指正,编者电子邮箱:sunrp@njcit.cn。

编 者

2023 年 6 月

目 录

项目 1　认识数据分析·············· 001
　项目描述·························· 001
　项目分析·························· 001
　项目目标·························· 001
　任务 1.1　认识 Python 与数据
　　　　　　分析···················· 002
　　1.1.1　任务描述·················· 002
　　1.1.2　任务分析·················· 002
　　1.1.3　任务实现·················· 002
　　1.1.4　知识巩固·················· 005
　任务 1.2　认识数据分析类别与
　　　　　　流程···················· 005
　　1.2.1　任务描述·················· 005
　　1.2.2　任务分析·················· 005
　　1.2.3　任务实现·················· 005
　　1.2.4　知识巩固·················· 008
　小结······························ 008
　练习······························ 008

项目 2　准备数据分析·············· 010
　项目描述·························· 010
　项目分析·························· 010
　项目目标·························· 011

任务 2.1　数据分析环境搭建与
　　　　　使用···················· 011
　　2.1.1　任务描述·················· 011
　　2.1.2　任务分析·················· 012
　　2.1.3　任务实现·················· 012
　　2.1.4　知识巩固·················· 025
任务 2.2　内置数据结构使用········ 026
　　2.2.1　任务描述·················· 026
　　2.2.2　任务分析·················· 026
　　2.2.3　任务实现·················· 026
　　2.2.4　知识巩固·················· 029
任务 2.3　序列函数和推导式使用··· 030
　　2.3.1　任务描述·················· 030
　　2.3.2　任务分析·················· 031
　　2.3.3　任务实现·················· 031
　　2.3.4　知识巩固·················· 032
任务 2.4　函数的使用·············· 033
　　2.4.1　任务描述·················· 033
　　2.4.2　任务分析·················· 033
　　2.4.3　任务实现·················· 033
　　2.4.4　知识巩固·················· 037
小结······························ 038
练习······························ 038

项目 3 NumPy 的多维数组
　　　　处理与存取 ················ 041
项目描述 ······························· 041
项目分析 ······························· 041
项目目标 ······························· 042
任务 3.1 认识 NumPy 的多维
　　　　　数组 ······················ 042
　3.1.1 任务描述 ················ 042
　3.1.2 任务分析 ················ 043
　3.1.3 任务实现 ················ 043
　3.1.4 知识巩固 ················ 044
任务 3.2 创建多维数组 ········ 046
　3.2.1 任务描述 ················ 046
　3.2.2 任务分析 ················ 046
　3.2.3 任务实现 ················ 047
　3.2.4 知识巩固 ················ 049
任务 3.3 多维数组运算 ········ 050
　3.3.1 任务描述 ················ 050
　3.3.2 任务分析 ················ 050
　3.3.3 任务实现 ················ 051
　3.3.4 知识巩固 ················ 056
任务 3.4 多维数组的索引和切片
　　　　　操作 ······················ 058
　3.4.1 任务描述 ················ 058
　3.4.2 任务分析 ················ 058
　3.4.3 任务实现 ················ 059
　3.4.4 知识巩固 ················ 064
任务 3.5 多维数组的数据处理与
　　　　　运算 ······················ 065
　3.5.1 任务描述 ················ 065
　3.5.2 任务分析 ················ 065
　3.5.3 任务实现 ················ 066
　3.5.4 知识巩固 ················ 074
任务 3.6 多维数组的操作 ······ 077
　3.6.1 任务描述 ················ 077
　3.6.2 任务分析 ················ 077

　3.6.3 任务实现 ················ 077
　3.6.4 知识巩固 ················ 088
任务 3.7 多维数组存取 ········ 089
　3.7.1 任务描述 ················ 089
　3.7.2 任务分析 ················ 089
　3.7.3 任务实现 ················ 089
　3.7.4 知识巩固 ················ 089
任务 3.8 标准差计算 ············ 090
　3.8.1 任务描述 ················ 090
　3.8.2 任务分析 ················ 090
　3.8.3 任务实现 ················ 090
　3.8.4 知识巩固 ················ 090
小结 ···································· 091
练习 ···································· 091
项目 4 Pandas 的数据对象
　　　　构建和数据运算 ········ 093
项目描述 ······························· 093
项目分析 ······························· 093
项目目标 ······························· 094
任务 4.1 构建数据对象 ········ 095
　4.1.1 任务描述 ················ 095
　4.1.2 任务分析 ················ 095
　4.1.3 任务实现 ················ 096
　4.1.4 知识巩固 ················ 102
任务 4.2 索引操作 ··············· 104
　4.2.1 任务描述 ················ 104
　4.2.2 任务分析 ················ 105
　4.2.3 任务实现 ················ 105
　4.2.4 知识巩固 ················ 121
任务 4.3 数据运算 ··············· 123
　4.3.1 任务描述 ················ 123
　4.3.2 任务分析 ················ 124
　4.3.3 任务实现 ················ 124
　4.3.4 知识巩固 ················ 137
任务 4.4 层次化索引操作 ······ 137
　4.4.1 任务描述 ················ 137

4.4.2　任务分析 ……………… 137

4.4.3　任务实现 ……………… 138

4.4.4　知识巩固 ……………… 138

小结 ……………………………… 138

练习 ……………………………… 138

项目 5　Pandas 的数据读写 …… 142

项目描述 ………………………… 142

项目分析 ………………………… 142

项目目标 ………………………… 142

任务 5.1　文本数据读写 ……… 142

5.1.1　任务描述 ……………… 142

5.1.2　任务分析 ……………… 143

5.1.3　任务实现 ……………… 143

5.1.4　知识巩固 ……………… 147

任务 5.2　JSON 和 Excel 数据

读写 ……………………… 147

5.2.1　任务描述 ……………… 147

5.2.2　任务分析 ……………… 147

5.2.3　任务实现 ……………… 148

5.2.4　知识巩固 ……………… 148

任务 5.3　数据库数据读写 …… 148

5.3.1　任务描述 ……………… 148

5.3.2　任务分析 ……………… 148

5.3.3　任务实现 ……………… 148

5.3.4　知识巩固 ……………… 148

小结 ……………………………… 149

练习 ……………………………… 149

项目 6　Pandas 的数据清洗和

整理 …………………… 151

项目描述 ………………………… 151

项目分析 ………………………… 151

项目目标 ………………………… 151

任务 6.1　数据清洗 …………… 152

6.1.1　任务描述 ……………… 152

6.1.2　任务分析 ……………… 152

6.1.3　任务实现 ……………… 152

6.1.4　知识巩固 ……………… 162

任务 6.2　数据合并和连接 …… 162

6.2.1　任务描述 ……………… 162

6.2.2　任务分析 ……………… 162

6.2.3　任务实现 ……………… 163

6.2.4　知识巩固 ……………… 176

任务 6.3　数据重塑 …………… 176

6.3.1　任务描述 ……………… 176

6.3.2　任务分析 ……………… 176

6.3.3　任务实现 ……………… 176

6.3.4　知识巩固 ……………… 184

任务 6.4　字符串处理 ………… 184

6.4.1　任务描述 ……………… 184

6.4.2　任务分析 ……………… 184

6.4.3　任务实现 ……………… 185

6.4.4　知识巩固 ……………… 190

小结 ……………………………… 191

练习 ……………………………… 191

项目 7　Pandas 的数据分组与

聚合 …………………… 193

项目描述 ………………………… 193

项目分析 ………………………… 193

项目目标 ………………………… 193

任务 7.1　数据分组与聚合运算 … 194

7.1.1　任务描述 ……………… 194

7.1.2　任务分析 ……………… 194

7.1.3　任务实现 ……………… 194

7.1.4　知识巩固 ……………… 199

任务 7.2　分组级 apply 和

transform 运算 ………… 200

7.2.1　任务描述 ……………… 200

7.2.2　任务分析 ……………… 201

7.2.3　任务实现 ……………… 201

7.2.4　知识巩固 ……………… 204

任务 7.3　数据处理 map、apply、

applymap 运算 ………… 205

7.3.1 任务描述 ·············· 205
7.3.2 任务分析 ·············· 205
7.3.3 任务实现 ·············· 205
7.3.4 知识巩固 ·············· 211
任务 7.4 某平台读书数据探索 ····· 211
7.4.1 任务描述 ·············· 211
7.4.2 任务分析 ·············· 212
7.4.3 任务实现 ·············· 212
7.4.4 知识巩固 ·············· 212
小结 ·························· 212
练习 ·························· 213

项目 8 Matplotlib 图形库的
数据可视化 ············· 215
项目描述 ······················ 215
项目分析 ······················ 215
项目目标 ······················ 215
任务 8.1 基础绘图 ············· 216
8.1.1 任务描述 ·············· 216
8.1.2 任务分析 ·············· 216
8.1.3 任务实现 ·············· 217
8.1.4 知识巩固 ·············· 227
任务 8.2 设置图形样式和色彩 ····· 229
8.2.1 任务描述 ·············· 229
8.2.2 任务分析 ·············· 229
8.2.3 任务实现 ·············· 230
8.2.4 知识巩固 ·············· 237
任务 8.3 绘制其他 2D 图形 ········ 237
8.3.1 任务描述 ·············· 237
8.3.2 任务分析 ·············· 238
8.3.3 任务实现 ·············· 238
8.3.4 知识巩固 ·············· 248
任务 8.4 高阶绘图 ············· 248
8.4.1 任务描述 ·············· 248
8.4.2 任务分析 ·············· 249
8.4.3 任务实现 ·············· 249

8.4.4 知识巩固 ·············· 250
小结 ·························· 250
练习 ·························· 250

项目 9 某短视频平台用户行为
分析 ················· 252
项目描述 ······················ 252
项目分析 ······················ 252
项目目标 ······················ 253
9.1 数据导入 ·················· 253
9.2 数据理解 ·················· 254
9.2.1 查看列索引列表 ········· 254
9.2.2 解释列索引 ············ 254
9.2.3 查看维度 ·············· 255
9.2.4 查看摘要 ·············· 255
9.2.5 查看描述性统计信息 ····· 255
9.3 问题定义 ·················· 256
9.4 数据预处理 ················ 257
9.4.1 空值和重复值 ·········· 257
9.4.2 字段名处理 ············ 257
9.4.3 数据格式处理 ·········· 257
9.5 数据探索与可视化 ·········· 258
9.5.1 问题 1 ················ 258
9.5.2 问题 2 ················ 261
9.5.3 问题 3 ················ 263
9.5.4 问题 4 ················ 264
9.5.5 问题 5 ················ 267
9.5.6 问题 6 ················ 268
9.5.7 问题 7 ················ 269
9.5.8 问题 8 ················ 273
9.5.9 问题 9 ················ 275
9.5.10 问题 10 ·············· 276
9.5.11 问题 11 ·············· 277
9.6 结论 ····················· 280
参考文献 ······················ 281

项目 1　认识数据分析

项目描述

数据分析可以通过计算机工具和数学知识处理数据，并从中发现规律性的信息，以做出具有针对性的决策。本项目介绍数据分析的主要概念和流程，后续项目介绍 Python 在数据分析中的核心内容及数据分析的 Python 库，把概念和流程转换为 Python 代码，实现 Python 数据分析。虽然后续项目不涉及使用机器学习和深度学习进行数据分析，但后续项目是学习机器学习和深度学习进行数据建模、使用模型进行数据分析的基础。

项目分析

做数据分析，首先需要认识数据分析的相关概念、分类、学习路径、流程、作用，建立数据分析的总体认识。

项目目标

- 描述数据、信息、数据分析。
- 区别定性数据分析和定量数据分析。
- 列表数据分析技术栈。
- 描述数据分析流程。

任务 1.1　认识 Python 与数据分析

PPT：任务 1.1 认识 Python 与 数据分析

1.1.1　任务描述

① 认识数据、信息、数据分析。
② 认识定性和定量数据分析。
③ 认识 Python 与数据分析。
④ 认识数据分析学习路径。

1.1.2　任务分析

通过概念、描述、示例来认识和理解任务。

1.1.3　任务实现

1．认识数据和信息

人类社会已进入数据时代，数据渗透到各行各业。在数据时代，数据和石油、电力具有同等重要的地位，都是社会发展的战略性基础资源。互联网（社交、搜索、电商）、移动互联网（微博）、物联网（传感器、智慧地球）、车联网、GPS、医学影像、安全监控、金融（银行、股市、保险）、电信（通话、短信）每天都在产生着海量数据。随着数据呈现出爆炸式的指数级增长，数字化已经成为构建现代社会的基础力量，并推动着人们走向一个深度变革的时代。在新工业革命时代，数据是智能时代的"新石油"，已成为日益重要的生产要素。现如今，我国已成为世界第一数据资源大国和全球数据中心。

数据是指对客观事件进行记录并可以鉴别的符号，它不仅指狭义上的数字，还可以是具有一定意义的文字、字母、数字符号的组合、图形、图像、视频、音频等。其中，图形、声音、图像这样连续的数据值，称为模拟数据，符号、文字这样离散数据值，称为数字数据。在计算机系统中，数据以二进制信息单元 0 和 1 的形式表示。简而言之，数据指的是未经加工的原始素材，表示的是客观的事物，具有某种确实的含义，可以被定义为以形式化的方式表示客观事物。数据本身往往十分杂乱，经过梳理、清洗和分析，才能转换为信息。

信息就是被组织起来的数据，是为了特定目的对数据进行处理和建立内在关联，从而让数据具有意义。在生活中，广播中的声音、互联网上的消息、通信系统中传输和处理的语音对象，甚至是小区和校园的消息看板，都可以被认为是信息。用信息论的奠基者香农的话说，"信息是用来消除随机性的、不确定性的东西"。也就是说，信息是有组织或分类的数据，对接收者有一定价值。数据和信息是不可分离的，数据是信息的表达，信息是数据的内涵。

2. 认识数据分析的概念

数据分析是指使用适当的方法及工具，从大量的数据中提取有价值的信息，找到数据背后的内在规律，形成有效结论的过程。数据分析就是将数据转换为有效信息的过程，现已形成一整套关于数据建模的方法论。模型是指将所研究的系统转换为数学的形式。一旦建立数学或逻辑模型，就可以预测在给定输入的情况下，系统会做出怎样的输出，这样系统就具备了某种预测的功能。数据分析的目标不止于建模，更重要的是其预测功能。有了这样的功能，数据分析就成为"数据驱动业务"的重要手段。模型的预测功能不仅取决于建模技术的质量，还取决于数据的质量，因此数据搜集、数据提取、数据准备等预处理工作也成为数据分析的主要组成部分，对数据分析的最终效果有重要的影响。

有了高质量的数据和模型还不够，数据分析还需要有各种数据可视化的方法。理解数据最好的方法莫过于将其绘制成可视化图形，从而帮助人们更直观地理解数据中隐含的信息，对工作做出可靠决策大有帮助。

3. 认识定性和定量数据分析

数据分析的过程以数据为中心。根据数据的特点，通常分为定性分析和定量分析。如果待分析的数据有着严格的数值型或类别型结构，这种分析称为定量分析。如果数据要用自然语言来描述，则称为定性分析。

定量分析处理的数据具有内在逻辑顺序或者能分成不同的类别，是结构化的，可以用数字进行计数、测量和表示，其严格和明确。定量分析往往建立数学模型，并用数学模型针对数据特征、数据关系与数据变化进行分析。定性分析处理的数据没有内在结构或结构不明显，既不是数值型也不是类别型，是非结构化或半结构。适合定性分析研究的数据包括文本、视频和音频。定性分析往往依据直觉、经验，运用主观上的判断对数据的性质、特点、发展变化规律进行分析，数据分析的结论可能还包括主观解释。定性分析通常用来研究社会现象或复杂结构等测量难度很大的系统。

4. 认识 Python 与数据分析

Python 是一门开源的、易于使用的编程语言，拥有非常活跃且庞大的社区，提供了数据分析所需的各种算法库，是数据分析的重要工具。此外，Python 还是一门通用型的编程语言，如可以操作数据库、开发 Web 应用等，因此可以方便地将数据分析模型与现有的系统进行整合对接，这使得 Python 成为数据分析的最佳选择。

5. 认识 Python 数据分析学习路径

（1）技术栈

数据分析需要用到多种工具和方法，对计算机和统计学相关的技术要求较高。数据分析涉及大量的数学知识，预测具有良好的数学功底显得尤为重要，特别是要深刻理解统计学的相关知识，常用的统计技术包括贝叶斯方法、聚类分析和回归分析等。数据分析还需要掌握良好的计算机技术，常见 Python 数据分析核心技术栈如下。

- Python：是一门开源免费、通用型的脚本编程语言，其入门简单，功能强大，简单优雅。可用于 Web 开发、网络爬虫、机器学习、数据分析和自动化运维。Python 自身的数据分析能力并不强，需要安装一些第三方扩展库才能最终实现数据分析的目的。
- NumPy：是 Python 语言的一个扩展程序库，提供了多维数组对象，支持大量的维度数组与矩阵运算，提供了关于数组的大量的数学函数库以及大部分和 Python 数值计算有关的接口，是 Python 数值计算的基础包，一般配合其他的第三方包使用，如 Matplotlib、Pandas 等。
- Pandas：基于 NumPy 的工具，该工具是为了解决数据分析任务而创建的，提供大量库和标准数据模型。
- Matplotlib：绘图 API，既可以绘制 2D 图形，也可以绘制部分 3D 图形。
- Seaborn：基于 Matplotlib 的可视化框架，可以简化一些图形的生成。
- Scikit-learn：机器学习框架。

其他如 PyTorch、TensorFlow、PaddlePaddle、MindSpore、MegEngine、Jittor、OneFlow 等均是深度学习框架。前两个分别是由 Facebook（脸书）和 Google（谷歌）推出的主流深度学习框架，其余都是国产主流深度学习框架，分别由百度、华为、天元、清华、一流科技推出。我国 AI 框架作为后起之秀在学术科研领域已经崭露头角，如基于 MindSpore 的鹏程.盘古、紫东.太初、武汉 LuojiaNet，基于 PaddlePaddle 鹏城-百度文心、量桨（Paddle Quantum）。在赋能产业应用方面也成绩斐然，如 MindSpore 拥有 300 多个 SOTA 模型，超过 400 个开源生态社区贡献者，支持超过 5000 个在线 AI 应用，广泛应用与工业制造、金融、能源电力、交通、医疗等行业；PaddlePaddle 服务企业遍布能源、金融、工业、医疗、农业等多个行业，助力各行各业智能化升级；旷视 MegEngine 充分发挥视觉领域优势，实现行业赋能；一流科技 OneFlow 充分发挥分布式可扩展性能优势，已服务科研、政务、军工、金融等诸多行业客户。

（2）应用领域

根据应用领域和研究项目的不同，数据分析师必须具备多学科的知识，这些知识可以帮助分析师更好地理解研究对象。对于大型的数据分析项目，还应当组建一个由各个领域专家组成的数据分析团队，以便于人们在各自擅长的领域发挥出最大的作用，形成团队合力。数据分析经常面向不同的业务领域和场景，对数据分析师的业务知识结构提出了较高的要求。业务领域就是客户所在的知识领域，例如，财务人员所在的是财务领域，税务人员所在的是税务领域，营销人员所在的领域是销售领域。不同的业务领域有不同的业务场景和工作流程，这就要求数据分析师通过客户中的业务领域专家去学习这些知识，全面理解业务的流程和主要特点，从而更好地开展工作。

1.1.4　知识巩固

1. 数据分析的重要性

数据分析的重要性相关知识请扫描二维码查看。

2. 数据分析需求的问题发现

数据分析需求的问题发现相关知识请扫描二维码查看。

拓展阅读 1-1-1

拓展阅读 1-1-2

任务 1.2　认识数据分析类别与流程

PPT：任务 1.2
认识数据分析
类别与流程

1.2.1　任务描述

① 认识探索性和预测性数据分析。
② 认识数据分析流程。

1.2.2　任务分析

能够通过描述探索性数据分析和预测性数据分析的概念、主要目的、一般步骤、工具来认识探索性数据分析和描述预测性数据分析，并区别两者异同。能够描述数据分析流程，并做简要说明。

1.2.3　任务实现

1. 认识探索性数据分析

探索性数据分析是用来分析和调查数据集，并总结其主要特征，通常采用数据可视化和汇总统计方法。

探索性数据分析的主要目的是，在做出任何假设之前查看数据，可以帮助识别明显的错误，更好地理解数据中的模式，检测异常值或异常事件，找到变量之间的有趣关系。通俗地讲，就是说不清楚数据中包含了什么模型或者隐含了什么关系，通过了解数据集、了解变量间的相互关系以及变量与预测值之间的关系，尝试各种方法来探索发现数据中可能存在的关系等，从而帮助人们后期更好地进行特征工程和建立模型，为预测性数据分析做准备，是进行数据分析时重要的一步。

（1）探索性数据分析的一般步骤

① 问题/需求导向。数据和问题是基本前提，明确问题以及数据所提供的信息是否能解决问题。

② 数据的基本情况。包括但不限于数据量、数据特征、数据类型、数据分布情况等。

③ 数据的基本处理。对于数据的处理方式根据问题需要进行选择，主要有缺失值处理、重复值处理、异常值处理、数据转换和格式化处理及汇总统计。

④ 数据可视化。采用怎样的图表来描述数据及其包含的信息与具体的业务紧密相关，可视化有单变量可视化和两个变量的可视化，可视化图有直方图、箱线图、线图、散点图、热力图等。

（2）探索性数据分析工具

① 开发工具：使用 PyCharm 进行程序开发更容易，但 Jupyter Notebook 使用起来更简单。当然，也可以选择 MS Excel 和 Tableau 等其他软件。

② 数据预处理与分析工具：Pandas、NumPy。

③ 数据可视化工具：Matplotlib、Seaborn 等。

2. 认识预测性数据分析

预测性数据分析是指基于过去的数据对未来结果进行预测，是专注于预测并理解未来可能发生的情况，大多是基于概率的，即预测事件在未来发生的概率，或者事件在大概率上会如何发生。

预测性数据分析的主要目的是试图预测可能的未来结果并提供这些结果发生的可能性，使企业能够采取更主动、更加具有数据驱动性的方法来制订战略和决策。

预测性数据分析步骤除了包含探索性数据分析步骤之外，另外主要包括特征工程、模型训练、模型评估与应用 3 个部分。

预测性数据分析工具除了探索性数据分析工具外，还有数据挖掘、统计建模、机器学习、深度学习等相关库。

3. 数据分析流程

（1）数据来源

数据分析的第一步是解决数据的来源问题。不同的数据源在数据粒度和数据质量保证方面存在很大差异。根据数据源的通道，可以分为内部数据和外部数据。

内部数据是组织机构内部的数据，这些数据通常都是业务数据。例如，大多数企业目前都有 ERP、CRM、工作流管理等系统，这类系统通常使用数据库以结构化的方式存储数据，这些数据库包含大量的数据。

外部数据是组织机构以外的数据。外部数据的来源非常广泛，如政府数据、行业数据、智库数据。

（2）问题定义

数据分析的目的是解决问题，解决问题的前提是正确地定义问题。定义问题就是要梳理业务处理流程，把分析目的分解成若干个不同的分析要点，明确数据分析的步骤和角度，确定用分析指标，确保分析框架的体系化和逻辑性。问题定义将唯一决定整个数据分析项目所遵循的指导方针，需要业务专家主导。

（3）数据准备

数据往往来自不同的数据源，有着不同的格式和形式。因此，在分析数据前，需要把这些数据处理为规范的形式。数据准备阶段关注的是数据获取、清洗和规范化处理，以及把数据转换为表格形式。数据中存在的很多问题都必须解决，这些问题包括无效的、字段重复的、值缺失的、含义不明确的、超出范围的等。

（4）数据探索和可视化

数据探索和可视化是指对已有的数据进行探索，初步了解数据的特点。数据探索和可视化的目的是发现数据中的模式、联系和关系。数据探索首先要检验数据，理解数据的含义，然后要结合问题的定义明确数据类型。为了更好地进行数据探索，通常使用可视化的技术展示数据的某些特征，如相关性、统计量和数据分布等。

（5）预测模型

探索完数据后，就需要创建或选择合适的统计模型对数据进行分析。预测模型的作用主要包括两个方面，一是使用回归模型预测数据的值，二是使用分类模型或聚类模型对数据进行分类。不同的模型会产生不同的效果，分类模型输出的结果为类别型，回归模型产生的结果为数值型，聚类模型产生的效果为描述型。

（6）模型验证

模型验证就是使用部分原始数据作为验证数据输入到模型中，评估模型的预测结果是否有效，验证数据来源于数据准备阶段生成的原始数据。用于建模的数据成为训练集，用于验证模型的数据成为验证集，用于评估最终模型的泛化能力的数据成为测试集。通过比较模型和实际系统的输出结果，就能评估模型的准确率。模型的验证过程不仅可以得到模型的确切有效程度，还可以比较它与其他模型有什么不同。模型验证以期得到最佳模型。

（7）部署

部署的目的是展示结果，给出数据分析的结论。部署的效果可能是一套由软硬件构成的完整的数据分析系统，也可能是一份为用户决策而做的数据分析报告。如果项目的产出包括生成预测模型，那么这些模型就可以以单独应用的形式进行部署或集成到其他软件中。

1.2.4　知识巩固

1. 数据分析的 3 种类型

数据分析的 3 种类型相关知识请扫描二维码查看。

拓展阅读 1-2-1

2. 特征工程

特征工程相关知识请扫描二维码查看。

拓展阅读 1-2-2

小结

本项目主要介绍了何为数据分析、数据分析的步骤、甄选数据是数据分析的基础，以及 Python 数据分析学习路径和流程。

练习

文本：参考答案

一、填空题

1. _____指的是未经加工的原始素材，表示的是客观的事物，具有某种确实的含义。数据本身往往十分杂乱，经过梳理、清洗和分析，就能转化为信息。

2. _____其实就是被组织起来的数据，是为了特定目的对数据进行处理和建立内在关联，从而让数据具有意义。

3. _____是指用适当的方法及工具，从大量的数据中提取有价值的信息，找到数据背后的内在规律，形成有效结论的过程。

4. _____是将数据转换为有效信息的过程，现已形成一整套关于数据建模的方法论。

5. 数据分析的过程以_____为中心。根据数据的特点，通常分为定性分析和定量分析。

二、选择题

1. 关于模型，以下选项中描述错误的是（　　　）。

A．模型是指将所研究的系统转换为数学的形式

B．一旦建立数学或逻辑模型，就可以预测在给定输入的情况下，系统会做出怎样的输出，这样系统就具备了某种预测的能力

C．数据分析的关键是模型

D．模型是需要训练的

2．关于模型的预测能力，以下选项中描述错误的是（　　）。

A．模型的预测能力与建模技术的质量有关

B．模型的预测能力与数据的质量有关

C．模型的预测能力与数据搜集、数据提取、数据准备等预处理工作无关

D．有了高质量的数据和模型还不够，数据分析还需要有各种数据可视化的方法

3．关于数据分析，以下选项中描述错误的是（　　）。

A．如果待分析的数据有着严格的数值型或类别型结构，这种分析称为定量分析

B．如果数据要用自然语言来描述，则称为定性分析

C．数据分析的过程以模型为中心

D．可视化图形可以帮助人们更直观地理解数据中隐含的信息，对工作中做出可靠决策大有帮助

4．关于数据分析，以下选项中描述错误的是（　　）。

A．定量分析处理的数据具有内在逻辑顺序或者能分成不同的类别，是结构化的，可以用数字进行计数、测量和表示，严格且明确

B．定量分析往往建立数学模型，并用数学模型针对数据特征、数据关系与数据变化进行分析

C．适合定性分析研究的数据不包括文本、视频和音频

D．定性分析处理的数据没有内在结构或结构不明显，既不是数值型也不是类别型，是非结构化或半结构

5．Python 数据分析核心技术栈不包括（　　）。

A．NumPy　　　　　B．Pandas　　　　　C．数字电路　　　　　D．Matplotlib

三、简答题

1．数据分析过程主要包括哪些步骤。

2．查阅并梳理最近 Python 数据分析岗位职责和技能要求。

项目 2 准备数据分析

项目描述

做数据分析之前，需要搭建开发环境 Anaconda，学会使用开发工具 Jupyter Notebook，掌握数据分析需要的 Python 核心技术内置数据结构和函数，为数据分析做准备。

项目分析

Anaconda 是 Python 的集成环境管理器和 Conda 的包管理器，自身携带 Python 编译器以及众多常用包，用于数据科学、机器学习、大数据处理和预测分析等计算科学，致力于简化包管理和部署。Anaconda 的包使用软件包管理系统 Conda 进行管理。Anaconda 不但可以方便管理不同版本 Python 和第三方库，而且可以管理虚拟环境，创建多个虚拟环境，在不同的虚拟环境使用不同的框架、不同的库、相互独立，在不同的项目中切换使用不同的虚拟环境。

Anaconda 利用工具和命令 conda 来进行包和环境的管理，使用已经包含在 Anaconda 中的命令 conda install 或者 pip install 从 Anaconda 仓库中安装开源软件包。pip 提供了 Conda 大部分功能，并且大多数情况下两个可以同时使用。conda 可以理解为一个工具，也是一个可执行命令，其核心功能是包管理与环境管理。Anaconda 则是一个打包的集合，里面预装好了 conda、某个版本的 Python、众多包、科学计算工具等。

Jupyter Notebook 是基于网页的用于交互计算的应用程序，其可被应用于全过程计算，如开发、文档编写、运行代码和展示结果。Jupyter Notebook 能让用户将说明文档、代码和可视化内容等全部组合到一个共享的文档中，让用户一目了然，其主要特点如下：

- 编程时具有语法高亮、缩进、Tab 键补全的功能。
- 可直接通过浏览器运行代码，同时在代码块下方展示运行结果。
- 可以富媒体格式展示运行结果，富媒体格式包括 HTML、LaTeX、PNG、SVG 等。
- 对代码编写说明文档或语句时，支持 Markdown 语法。
- 自带丰富的魔术命令增加了 Jupyter Notebook 便捷性和互动性。

如今，Jupyter Notebook 已迅速成为数据分析、机器学习的必备开发工具。当安装 Anaconda3 时，会自动安装 Jupyter Notebook。

Python 提供了大量的内置数据结构，如列表、元组、字典、集合，统称为容器，简单而强大，精通它们是 Python 程序员必备的知识和技能，也是更好掌握 NumPy 中 ndarray、Pandas 的基本数据结构 Series 和 DataFrame 的基础，以及数据分析中数组编程的基础。

函数是一段可重复使用的代码段，给这段代码起的名字就是"函数名"。在程序的任何地方都可以通过函数名来使用这段代码，这就是"函数调用"。函数可以高效地实现代码重用。Python 提供了许多内建函数，如 print()。但用户也可以自己创建函数，这部分函数称为用户自定义函数。

数据结构和函数是 Python 数据分析的核心语言基础。

项目目标

- 陈述 Anaconda 和 Jupyter Notebook 的主要功能。
- 实验 Anaconda 的安装、包管理。
- 实验 Jupyter Notebook 基本使用和常见文档编辑。
- 实验 Python 数据结构和序列。
- 实验 Python 函数。

任务 2.1　数据分析环境搭建与使用

PPT：任务 2.1
数据分析环境
搭建与使用

2.1.1　任务描述

① 包镜像源配置文件 pip.ini 配置。
② Anaconda 的安装、包管理。
③ Jupyter Notebook 启动和基本使用方法。
④ Jupyter Notebook 的常见文档编辑。

⑤ Jupyter Notebook 拓展库 nbextensions 的安装和使用。

2.1.2 任务分析

Anaconda 的安装程序可以直接从其官网下载，但是其官网服务器架设在国外，下载速度较慢，可以从国内的一些镜像服务器下载，如清华镜像。下载 Windows 版 Anconda 安装程序，双击打开它后就可进入到安装界面，直接按提示安装。安装完成后，还需要验证。

可以通过国内镜像的安装包解决国外镜像安装慢的问题，这需要配置 pip.ini 文件。

conda 命令可以管理 Python 包环境和虚拟环境。

为了方便管理不同项目代码，本任务介绍 3 种方式启动 Jupyter Notebook。

通过新建 Notebook 文件、认识 Jupyter Notebook 工作界面、代码单元格操作、标记单元格操作、拓展功能和魔术命令使用，将文档、代码、运行结果等全部组合到排版好的文档中，实现 Juypter Notebook 的使用。

2.1.3 任务实现

1. Anaconda 的安装与卸载

安装路径不能有空格或者中文，如图 2-1 所示，否则在后期使用过程中可能会出现一些问题，如 Juypter Notebook 不能自动加载到主界面，需要手动加载等。

微课 2-1
Anaconda 的
安装与使用

图 2-1　Anaconda 安装路径

完成了安装路径的选取后，就进入到 Anaconda 高级安装选项设置界面。第 1 个选项是把 Anaconda 添加到环境变量中，第 2 个选项是安装默认的 Python 版本，如图 2-2 所示。Anaconda 自带 Python，无须提前单独安装 Python。

继续默认安装，最后的界面如图 2-3 所示，单击 Finish 按钮，完成 Anaconda3 的安装。

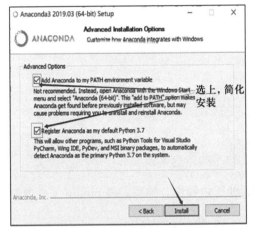

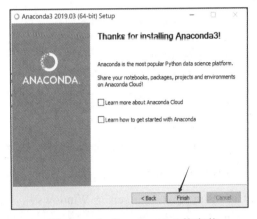

图 2-2　Anaconda 设置选项　　　　　图 2-3　完成 Anaconda3 的安装

成功安装完 Anaconda3 后，Windows "开始" 菜单新增一个 Anaconda3 文件夹，其中包含一些组件，如图 2-4 所示。其中，Anaconda Navigator 是 Anaconda 可视化的管理界面，Anaconda Prompt 是命令行操作 Conda 环境的 Anaconda 终端，Jupyter Notebook 是基于 Web 的交互式计算笔记本环境，Spyder 是 Python 语言的开放源代码跨平台科学运算 IDE。

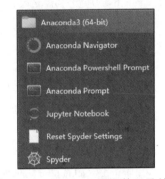

为了验证 Anaconda3 是否成功安装，可以使用 Anaconda 自带的命令行工具 Anaconda Prompt，输入 conda 命令：conda --version 和 conda，若出现如图 2-5 所示界面，则证明 Anaconda3 安装成功。

图 2-4　Anaconda3 的组件目录结构

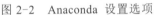

图 2-5　Anaconda3 安装成功检测

在 Anaconda 3 的安装文件夹里面找到 Uninstall-Anaconda.exe，双击运行后，按照提示可以完成 anaconda 3 的卸载。

2. anaconda 管理包和虚拟环境

（1）配置 pip.ini

新建一个 TXT 文件，更名为 pip.ini，扩展名为 ini，其内容如下：

```
[global]
trusted-host=pypi.douban.com    #添加豆瓣源为可信主机
index-url=http://pypi.douban.com/simple/    #豆瓣源，可以换成其他的源
```

文件内容表明使用豆瓣镜像，也可以使用其他国内镜像。然后，将 pip.ini 文件复制到 C:\Users\sun\pip，其中 sun 是 Windows 用户名。

（2）conda 包管理

```
conda -h    #查看当前 conda 的帮助信息
conda list    #查看当前环境下已安装的所有的包
conda list -n env_name    #列举一个指定环境下的所有包
conda search scikit-learn    #查找包
conda install -n myenv scipy    #在 myenv 环境中安装 scipy 包
conda install scipy    #在当前环境下安装 scipy 包
conda remove scipy    #在当前环境下卸载 scipy 包
conda update -all    #在当前环境下更新所有的包
conda update scipy    #在当前环境下更新单个包
conda update scipy nmpy pandas    #在当前环境下更新 3 个包
conda update -n myenv scipy    #在 myenv 环境下更新 scipy 包
conda update conda    #conda 更新
conda update anaconda    #anaconda 更新
conda update --all    #自定义配置环境更新到最新版的 Anaconda
```

（3）conda 虚拟环境管理

```
conda create --name env_name python=x.x.x    #创建虚拟环境
activate env_name    #激活某个环境
conda install --name env_name [package]    #在虚拟环境中安装其他包
conda env export > environment.yml    #生成需要分享环境的 yml 文件
conda env create -f environment.yml    #使用 yml 文件创建虚拟环境
conda deactivate    #关闭当前虚拟环境，返回默认环境
conda remove --name env_name --all    #删除虚拟环境
conda remove --name env_name [package]    #删除虚拟环境中包
```

3. Jupyter Notebook 启动和设置工作空间

可以采用 3 种方法启动 Jupyter Notebook，第 1 种方法通过单击菜单项"jupyter notebook"直接启动；第 2 种方法是通过"Anaconda Navigator"界面中的"jupyter notebook"启动；第 3 种方法是通过菜单项"Anaconda Prompt"使用命令"jupyter notebook"启动。

默认情况下，3 种方法启动的 Jupyter Notebook，管理的工作空间是当前用户目录。如果采用默认安装路径，指"C:\users\当前用户名"所在的目录。为了方便对不同项目进行管理，往往需要自行设置启动需要的工作空间，其方法如下。

方法 1：新建一个记事本文件，内容为 Jupyter Notebook 命令，文件名改为 jupyter notebook.bat。假如所有项目放在"C:\我的项目"文件夹下，把该批处理文件也放到该文件夹下，直接双击 jupyter notebook.bat 文件，启动 Jupyter Notebook，启动界面如图 2-6 所示。同时，系统默认浏览器会打开，如图 2-7 所示，Jupyter Notebook 就可以管理该文件夹下面的所有项目。或者在 cmd 命令窗口中切换到项目文件夹，执行命令 Jupyter Notebook。或者在 Anaconda Prompt 命令提示符下切换到项目文件夹，执行命令 Jupyter Notebook。

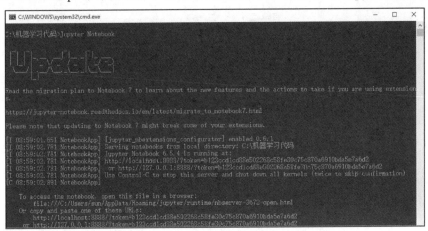

图 2-6　启动 Jupyter Notebook

图 2-7　Jupyter Notebook 主界面

微课 2-2
Jupyter
Notebook 的
使用（1）

方法 2：使用 jupyter 命令修改 Jupyter Notebook 的默认路径。打开 anaconda prompt，输入命令"jupyter notebook filepath"，其中 filepath 是用户所指定的项目父路径，如(base) C:\Users\sun>Jupyter Notebook C:\Python 数据分析与实践。

方法 3：修改快捷方式。右击 Jupyter Notebook 快捷方式，在弹出的快捷菜单中选择"属性"命令，在打开的对话框"快捷方式"选项卡中的"目标"文本框中删除%%包裹的变量，把"目标"中的%USERPROFILE%替换成想要的目录，如图 2-8 所示。

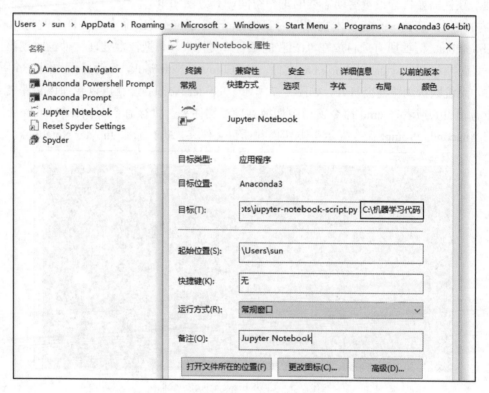

图 2-8 Jupyter Notebook 快捷方式设置工作空间

4. Jupyter Notebook 的使用方法

（1）新建 notebook 文件

如图 2-9 所示，单击右侧的 New 按钮，在弹出的下拉列表中选择"Python 3"命令，就可以新建一个 notebook 文件，文件默认名为 Untitled.ipynb，新建后的文件界面如图 2-10 所示。单击标题 Untitled1，重命名文件为 helloword.ipynb。

（2）认识 Jupyter Notebook 工作界面

Jupyter Notebook 工作界面如图 2-11 所示，由以下 4 个部分组成。

图 2-9　新建 Notebook 下拉列表

图 2-10　Notebook Python 文件界面

图 2-11　Jupyter Notebook 工作界面

1）编辑区域

位于界面最下方是由一系列单元格组成，"单元格状态"有代码、Markdown、原生 NBconvert 和标题，最常用的是前两个。

代码单元格：输入代码的位置，以"In　[序号]:"开头，其运行结果显示在该单元格的下方。如果不是 print 输出语句直接输出，则以"Out[序号]:"开头；如果是 print 输出语句输出，则没有"Out[序号]:"开头。代码单元格可以输入任意多行代码，单击"运行"按钮执行代码，输出运行结果。默认的单元格类型，可在其中进行编程操作。使用的编程语言取决于内核，默认内核（IPython）运行 Python 代码。

Markdown 单元格：此处可以对文本编辑，可以设置标题目录、插入链接、插入图片、数学公式等。单击"运行"按钮执行代码，显示格式化的文本。使用 Markdown 轻量级标记语言，用来编写项目文档、为代码添加注释和结论。

原生 NBconvert 单元格：原始区块，输入内容和显示内容一样。

标题单元格：已不再使用，现变成在 Markdown 单元格中使用#字符来写标题。

2）快捷键区域

位于编辑区域上方的一排快捷键按钮，每个按钮的功能从左到右依次是保存、添加单元格、剪切、复制、粘贴、上移单元格、下移单元格、执行单元格、中断单元格执行、重启内核、重启内核并重新执行、改变单元格类型、命令面板。

3）菜单栏

位于快捷键区域上方，主要包括一些常用功能菜单。File：文件菜单，包括文件操作；Edit：编辑菜单，包括编辑单元格操作；View：视图菜单，包括 Notebook 外观控制；Insert：插入菜单，包括插入单元格操作；Cell：单元格菜单，包括运行单元格操作；Kernel：内核（解释器）菜单，包括内核中断、重启、重启并清除、重启并执行、重新连接服务器、关闭内核、改变内核操作；Widgets：部件菜单，包括部件操作；Help：帮助菜单，包括各种帮助操作。

（3）代码单元格操作

选中单元格，鼠标单击单元格，进入编辑模式，此时单元格中有光标，可输入代码和执行代码。编辑模式下，单元格边框和左侧边框线均为绿色。例如，在单元格中输入代码，单击快捷键按钮区中"运行"按钮，执行该单元格中代码，再单击快捷键按钮区中"+"按钮，新增一个新的单元格，再次输入代码，单击"运行"按钮，执行该单元格代码，编辑和运行代码如图 2-11 所示中编辑区域。

Notebook 中的单元格共有两种模式。编辑模式下，也是代码模式下，可以操作单元格内文本或代码，包括编辑、剪切、复制、粘贴等操作。按 Esc 键，退出编辑，单元格进入命令模式。命令模式下，最左侧是蓝色的，此时单元格中没有光标，可以操作单元格本身，包括剪切、复制、粘贴等操作。按 Enter 键，退出命令模式，单元格进入编辑模式。

（4）标记单元格操作

在快捷键按钮区域中单击"单元格类型"按钮，在弹出的下拉列表中选择标记（Markdown），将代码单元格变为标记单元格。

1）标记单元格操作在编程规范中的用途

养成良好的注释和项目文档编写习惯。代码单元格中可以给 Python 代码加单行注释和多行注释，提高程序的可读性。标记单元格操作可以把和软件代码相关的解释文档、多媒体资源整合在一起，不需要切换窗口去找资料，只要看一个 Notebook 文件，就可以获得项目的所有信息，极大提升项目开发和维护效率。

2）标题设置

Markdown 中共有六级标题，分别以#号字符开头并空一格，案例代码如下：

```
#将单元格设置为一级标题
##将单元格设置为二级标题
###将单元格设置为三级标题
####将单元格设置为四级标题
```

运行单元格，效果如图 2-12 所示。

图 2-12　标题设置运行结果

3）字体设置

Markdown 支持 3 种设置，分别是"斜体""粗体""斜体加粗"，案例代码如下：

```
*斜体*
**粗体**
***斜体加粗***
_斜体_
__粗体__
___斜体加粗___
```

运行单元格，效果如图 2-13 所示。

斜体 **粗体** ***斜体加粗*** *斜体* **粗体** ***斜体加粗***

图 2-13 字体设置运行结果

4）分隔线设置

可以在一行中使用 3 个以上的星号、减号来建立一个分隔线，行内不能有其他东西，也可以在星号或是减号中间插入空格，案例代码如下：

```
---
***
```

运行单元格，效果如图 2-14 所示。

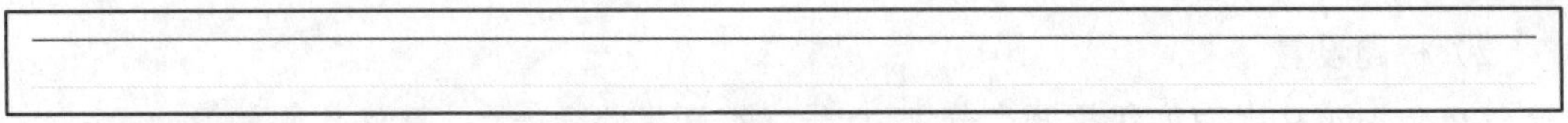

图 2-14 分隔线设置运行结果

5）删除线设置

文字的两端加上两个波浪线~~，案例代码如下：

```
~~删除~~
```

运行单元格，效果如图 2-15 所示。

~~删除~~

图 2-15 删除线设置运行结果

6）列表设置

有序列表通过“数字+点+空格”，无序列表通过“+或-或*后跟空格”设置，列表可以嵌套，案例代码如下：

```
1. 有序列表
2. 有序列表
---
- 无序列表
 - 无序列表
+ 无序列表
* 无序列表
```

运行单元格，效果如图 2-16 所示。

1. 有序列表
2. 有序列表

- 无序列表
    - 无序列表
- 无序列表
- 无序列表

图 2-16 列表设置运行结果

7）换行设置

段落换行，连续两个以上空格+回车；非段落换行，使用 HTML 语言换行标签，案例代码如下：

```
方法 1：连续两个以上空格+回车。


方法 2：使用 HTML 语言换行标签：br 标签。
<br> 行 1
<br> 行 2
```

运行单元格，效果如图 2-17 所示。

8）缩进设置

按 Tab 键，完成缩进，若是代码单元格，Tab 键有代码补齐功能。

9）空格设置

```
半角空格使用'   '，全角空格使用'   '，案例代码如下：
半角空格:半 角 <br>
全角空格:全 角
```

运行单元格，效果如图 2-18 所示。

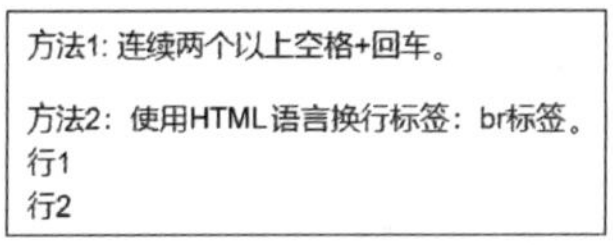

图 2-17　换行设置运行结果 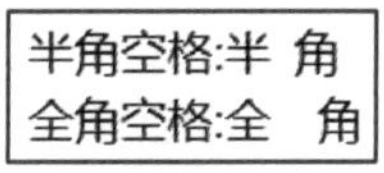　　　　图 2-18　空格设置运行结果

10）代码区域设置

使用反引号包裹代码，或使用 3 个反引号包裹代码，案例代码如下：

```
`
print("Hello World")
`
'''javascript
$(document).ready(function () {
    alert('RUNOOB');
});
'''
```

运行单元格，效果如图 2-19 所示。

11）超链接设置

格式如：[超链接显示文本](完整链接地址)，案例代码如下：

[南京信息职业技术学院](http://www.njcit.cn)

运行单元格，效果如图 2-20 所示。

```
print("Hello World")
    $(document).ready(function () {
        alert('RUNOOB');
    });
```

南京信息职业技术学院

图 2-19　代码区域设置运行结果　　　　图 2-20　超链接设置运行结果

12）插入图片设置

插入网络图片格式：；插入本地图片格式：；使用内嵌 HTML 插入图片格式：\<img src=" "\>，案例代码如下：

\<table\>\<tr\>\<td\>\<img src="./image/jupyter_logo.png", width=320, heigth=240\>\</td\>\</tr\> \</table\>

运行单元格，效果如图 2-21 所示。

图 2-21　插入图片设置运行结果

13）表格设置

制作表格使用 | 来分隔不同的单元格，使用 - 来分隔表头和其他行。案例代码如下：

表头	表头
单元格	单元格
单元格	单元格

运行单元格，效果如图 2-22 所示。

14）内嵌 HTML 设置

不在 Markdown 涵盖范围之内的标签，都可以直接在文档里面用 HTML 撰写，如设置背景、字体等，案例代码如下：

```
<table><tr><td bgcolor=orange> 背景色是：orange </td></tr></table>
<font color='red' face="微软雅黑" size=4>微软雅黑字体 4 号字体</font>
```

运行单元格，效果如图 2-23 所示。

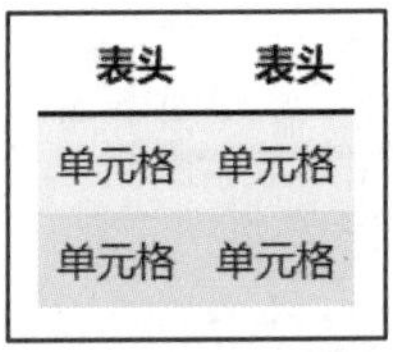

图 2-22　表格设置运行结果 　　　　　图 2-23　使用内嵌 HTML 设置运行界面

15）使用 LaTex 插入数学公式

行内公式，可以插入在文本中，使用 1 个"$"符号引用公式：$公式$；行间公式，公式居中，单独占据一行，使用 1 对"$"符号引用公式：$$公式$$，案例代码如下：

```
$a^b$
$$a^b$$
```

运行单元格，效果如图 2-24 所示。

16）转义设置

Markdown 使用了很多特殊符号来表示特定的意义，如果需要显示特定的符号则需要使用转义字符，Markdown 使用反斜杠转义特殊字符，案例代码如下：

```
**文本加粗** <br>
\*\* 正常显示星号 \*\*
```

运行单元格，效果如图 2-25 所示。

图 2-24　数学公式设置运行结果 　　　　　图 2-25　转义设置运行结果

（5）拓展功能

默认情况下，Jupyter Notebook 是没有目录生成和折叠、代码自动补齐等功能。可以通过安装拓展库 nbextensions 来丰富 jupyter notebook 功能，具体步骤如下：

① 打开 AnnaCodnda Promopt。

② 输入命令 pip install jupyter_contrib_nbextensions，按 Enter 键运行。

③ 继续输入命令 jupyter contrib nbextension install --user，按 Enter 键运行。

微课 2-3
**Jupyter
Notebook** 的
使用（**2**）

④ 刷新 Jupyter Notebook 主页，会发现多了 Nbextensions 选项，选择该选项，会出现如图 2-26 所示的 Nbextensions 配置界面，在该界面中选中"Table of Contents"复选框，浏览器中重新加载该页，启用生成目录功能。

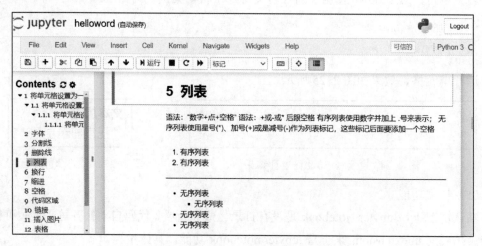

图 2-26　Nbextensions 配置界面

当完成以上所有步骤后，重新打开带有目录的 helloword.ipynb 文件，此时 Jupyter Notebook 主界面会多了一个"Table of Contents"按钮（红框内），单击红框内的按钮，目录就会自动显示出来，如图 2-27 所示。

图 2-27　带有目录的.ipynb 文件

同样的，选中"Hinterland"复选框（代码自动补全功能），选中"Variable Inspector"复选框（变量检查器功能），浏览器中重新加载此页，启用功能。当打开一个 ipynb 文件时，就可以在输入代码时直接使用代码自动补齐功能，如图 2-28 所示。单击"Variable Inspector"按钮，弹出变量检查器窗口，可以使用变量检查器来帮助查看变量信息，方便调试程序，如图 2-29 所示。

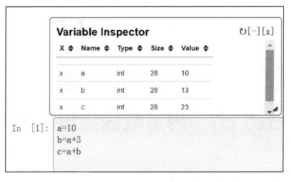

图 2-28　代码自动补齐　　　　　　图 2-29　使用变量检查器

（6）魔术命令

魔术命令是用于控制 Notebook 的特殊命令，它们在代码单元格当中运行，以"%"或者"%%"开头，"%"控制一行，"%%"控制整个单元格，以计算代码运行时间魔术命令为例：

```
#%timeit：对一行代码重复执行若干次进行计时，以获得更高的准确度
%timeit L = [n ** 2 for n in range(1000)]
489 μs ± 11.5 μs per loop (mean±std. dev. of 7 runs, 1000 loops each)
#%%timeit：对单元格多行代码的重复执行若干次进行计时，以获得更高的准确度
%%timeit
L = []
for n in range(1000):
    L.append(n ** 2)
550 μs ± 24.4 μs per loop (mean ± std. dev. of 7 runs, 1000 loops each)
```

2.1.4　知识巩固

1. 输出多个变量

在 Jupyter Notebook 运行 Python 代码，默认只输出最后一个变量的结果。如果要写很多条 print 语句打印输出，此时显得烦琐，设置 InteractiveShell.astnodeinteractivity 参数为 all 可解决，请扫描二维码查看相关内容。

拓展阅读 2-1-1

2. 其他常见拓展功能

其他常见拓展功能相关知识请扫描二维码查看。

拓展阅读 2-1-2

3. 魔术命令

在代码单元格中输入%lsmagic 运行可查看所有的魔术命令，输入%quickref 运行可查看所有魔术命令的简单版帮助文档，输入%Magics_Name?运行可查看某个魔术命令详细帮助文档。魔术命令旨在解决使用Python 进行数据分析中的常见问题，常用魔术命令请扫描二维码查看。

拓展阅读 2-1-3

任务 2.2 内置数据结构使用

PPT：任务 2.2
内置数据结构
使用

2.2.1 任务描述

① 说明内置数据结构，包括列表、元组、集合以及字典的概念和区别。
② 读写和操作内置数据结构。

2.2.2 任务分析

从列表、元组、集合以及字典的概念、使用场景比较它们区别，从它们的创建、读写基本操作、操作符使用、内建方法、解包和封包方面学习使用。

2.2.3 任务实现

1. 列表

（1）列表概念
由一系列按特定顺序排列的元素组成，是可变容器。在 Python 中，用方括号[ ]表示列表，并用逗号分隔其中的元素，通常存储相同类型数据，也可以存储不同类型数据。
（2）列表创建
列表可以由[]或者 list()函数创建。相关实现代码请扫描二维码查看。

代码 2-2-1

（3）列表操作符
列表操作符包括[]、in、not in、+、*等。相关实现代码请扫描二维码查看。

代码 2-2-2

（4）切片

可对操作的对象截取部分的操作。字符串、列表、元组序列类型都支持切片操作。

切片语法：序列[起始下标:结束下标:步长]

语法说明：

① 不包含结束下标对应的数据，下标正负整数均可。

② 步长是选取间隔，正负整数均可，默认为1。

代码 2-2-3

相关实现代码请扫描二维码查看。

（5）列表常用操作

列表可以存储多个数据，常用操作有增加、删除、修改、查询、遍历

等。相关实现代码请扫描二维码查看。

代码 2-2-4

2. 元组

（1）元组概念

不可变的列表，使用圆括号而不是方括号来表示，是不可变容器。Python 将不能修改的值称为不可变的，定义元组后，可以使用索引访问其元素，就像访问列表元素一样。与列表不同的是，元组中数据一旦确立就不能改变。

（2）元组创建

元组可以由圆括号( )创建，并以逗号分隔元素或者不加圆括号而是以一组逗号分隔的数据创建，或者使用 tuple()函数创建。创建一个或者多个元素的元组时，每一个元素后面都要跟着一个逗号。当创建的元组包含的元素大于 1 时，最后一个元素后面的逗号可以省略；当只包含一个元素时，逗号不能省略。相关实现代码请扫描二维码查看。

代码 2-2-5

（3）解包

解包是指将一个结构中的数据拆分到多个单独变量中，又叫拆包。说明如下。

① 任何可迭代对象都支持解包，可迭代对象包括元组、字典、集合、字符串、生成器。

② 解包时，可迭代对象中的元素数量要跟接收这些元素的变量数一致，也可以使用星号（*）忽略接收多余的元素。

③ *args：用于列表、元组、集合等；**kwargs：用于字典。

相关实现代码请扫描二维码查看。

代码 2-2-6

（4）封包

将多个值以逗号分隔赋值给一个变量时，Python 会自动将这些值封装成元组，这个特性称之为封包。无论是在表达式中还是在函数中，封包都是自动完成的，但是解包则不一定，有时须使用'*'或'**'运算符。封包和解包，除了在表达式中使用，还经常在函数中使用。函数有变长参数或返回多个值情况，须使用封包和解包技术。

相关实现代码请扫描二维码查看。

代码 2-2-7

（5）元组操作符

元组操作符包括[]、in、not in、+和*等。相关实现代码请扫描二维码查看。

代码 2-2-8

（6）元组常用操作

元组数据不支持修改，只支持查找，当然也支持索引和切片操作以及循环遍历。相关实现代码请扫描二维码查看。

代码 2-2-9

3. 字典

（1）字典的概念

字典是由键值对组成的无序可变序列，使用花括号{}表示，是可变容器，每个键都与一个值相关联，使用键来访问与之相关联的值，键必须是唯一且不可重复的，但值可以是任意数据，且可以重复。

（2）字典创建

字典是由使用放在花括号{}中的一系列以逗号隔开的键值对(key:value}或者 dict()函数创建的。相关实现代码请扫描二维码查看。

代码 2-2-10

（3）字典常见操作

包括增加、删除、查询、修改、遍历。字典的数据是以键值对形式出现，字典数据没有顺序，即字典不支持下标访问，无论数据如何变化，只能按键查数据。使用字典对象[key]形式实现增加、删除、查询、修改、遍历。相关实现代码请扫描二维码查看。

代码 2-2-11

4. 集合

（1）集合

集合是一个无序的不重复元素序列。

（2）集合创建

集合是使用{}或 set()创建的。相关实现代码请扫描二维码查看。

代码 2-2-12

（3）集合操作符

集合操作符不支持[]、+、* ，支持 in、not in。集合可以去掉重复数据、集合是无序的，故集合不支持索引、切片这种下标访问，也不支持其他类似序列的操作，如 set1[0]、set1+set2、set1*3 是错误的。集合支持标准类型操作符，包括成员操作符（in 或 not in）、等价操作符、比较运算符。其中，比较运算符检查的是集合间是否为子集或超集。相关实现代码请扫描二维码查看。

代码 2-2-13

（4）集合常见操作

集合常见操作包括增加、删除、查询、遍历，不支持修改。相关实现

代码 2-2-14

代码请扫描二维码查看。

（5）逗号问题

相关实现代码请扫描二维码查看。

代码 2-2-15

2.2.4　知识巩固

1. 列表

① 列表符号。列表 list，用中括号"[ ]"表示。

② 任意对象的有序集合。列表是一组任意类型的值，按照一定顺序组合而成的。

③ 通过偏移读取。组成列表的值称为元素（Elements）。每个元素被一个索引标识，第 1 个元素的索引是 0。

④ 可变长度，异构以及任意嵌套。列表中的元素可以是任意类型，甚至是列表类型，也就是说列表可以嵌套。

⑤ 可变的序列。支持索引、切片、合并、删除等操作，它们都是在原处进行修改列表。

⑥ 对象引用。引用列表时，Python 总是会将这个引用指向一个对象。当把一个对象赋给一个数据结构元素或变量名时，Python 总是会存储对象的引用，而不是对象的一个拷贝。

2. 元组

① 元组符号。元组 tuple，用小括号"( )"表示。

② 任意对象的有序集合。与列表相同。

③ 通过偏移存取。与列表相同。

④ 属于不可变序列类型。类似于字符串，但元组是不可变的，不支持在列表中任何原处修改操作。

⑤ 固定长度、异构、任意嵌套。固定长度即元组不可变，在不被复制的情况下长度固定，其他同列表。

⑥ 对象引用。与列表相同，元祖也是对象引用的。

⑦ 元组和列表比较。元组是不可变的，列表是可变的；元组比列表访问速度快。

3. 字典

① 字典符号。字典 dict，用大括号"{key，value}"表示。

② 通过键而不是偏移量来读取。字典是一个通过关键字索引的对象的集合，使用键-值（key-value）进行存储，查找速度快。

③ 任意对象的无序集合。字典中的项没有特定顺序，以"键"为标识。

④ 可变长、异构、任意嵌套。同列表，嵌套可以包含列表和其他的字典等。

⑤ 属于可变映射类型。因为是无序，故不能进行序列操作，但可以修改，通过键映射到值。字典是唯一内置的映射类型（键映射到值的对象）。

⑥ 对象引用表。字典存储的是对象引用，不是拷贝，和列表一样。字典的 key 是不能变的，list 不能作为 key，字符串、元祖、整数等都可以。

⑦ 字典和列表比较。查找和插入的速度极快，需要占用大量的内存，所以，dict 是用空间来换取时间的一种方法。

4. 集合

① 集合符号。集合 set，用小括号"()"或"{}"表示。

② 重复元素在 set 中自动被过滤。set 可以看成数学意义上的无序和无重复元素的集合，因此，两个 set 可以做数学意义上的交集、并集等操作。

③ 不可变集合。函数 forzenset()创建不可变集合，存在哈希值，它可以作为字典的 key，也可以作为其他集合的元素。缺点是一旦创建便不能更改，没有 add、remove 方法。

④ 集合相关处理函数。s1.intersection(s2)：s1 集合与 s2 的交集，等价表达 s1&s2；s1.union(s2):s1 并 s2，等价表达 s1|s2；s1.difference(s2):s1 差 s2，等价表达 s1-s2；s1.symmetric_difference(s2):s1 异或 s2，即返回两个集合中不重复元素；s1.issubset(s2):判断 s1 是否为 s2 的子集，判断子集；s1.issuperset(s2):判断 s1 是否为 s2 的超集，判断超集。

5. 内置数据结构使用比较

在 Python 中，序列是一组有顺序的元素集合，可以通过索引访问元素。常见的序列包括列表、元组和字符串，其中列表是可变序列，元组和字符串是不可变序列。序列通用的操作包括索引和切片、判断某个元素是否属于序列成员、序列相加、序列与数字相乘。除此之外，Python 还提供了计算序列长度、找出最大元素和最小元素等内建函数。

列表和元组是有序容器，字典和集合是无序容器。

任务 2.3　序列函数和推导式使用

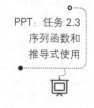

PPT：任务 2.3 序列函数和 推导式使用

2.3.1　任务描述

① 说明序列函数 enumerate()、sorted()、zip()和 reversed()的功能。

② 应用序列函数。

③ 说明推导式功能、列表、集合和字典推导式基本结构。

④ 应用推导式。

2.3.2 任务分析

从不同序列函数的概念、常见应用学习序列函数，从推导式概念、基本结构、常见应用对比学习不同推导式，从推导式和循环对比并讨论推导式中的表达式学习推导式。

2.3.3 任务实现

1. 序列函数

（1）enumerate()函数

用于遍历一个序列同时跟踪当前元素的索引，返回枚举对象，枚举对象的元素是由序列元素的索引和值构成的一个一个元组。相关实现代码请扫描二维码查看。

代码 2-3-1

（2）sorted()函数

对序列进行排序，返回一个排好序的列表。相关实现代码请扫描二维码查看。

代码 2-3-2

（3）zip()函数

zip()函数的功能是以一个或多个序列作为参数，将序列中的元素打包成多个元组，并返回由这些元组组成的列表。相关实现代码请扫描二维码查看。

代码 2-3-3

（4）reversed()函数

reversed()函数用于反转序列，生成新的可迭代对象。相关实现代码请扫描二维码查看。

代码 2-3-4

2. 列表、集合和字典推导式

（1）列表推导式

推导式是可以从一个数据序列构建一个新数据序列的结构体，也称为生成式或解析式。列表推导式是对可迭代对象的每个元素应用某种操作来创建一个新列表。

基本结构：[expr for val in collection if condition]

说明：if condition 可选。

推导式条件：推导式中可以使用 else，但语法上 if/else 应在 for 循环之前使用，而不是在它之后；条件表达式本身不是推导式语法的一部分，而 for ...in...后面的 if 语句是推导式的一部分，用于过滤迭代器对象的元素。因此表达式需 if/else，必须在表达式（循环前）中使用。

在 for 循环前定义列表的元素表达式，可以是任意表达式。例如，可以是 for 循环中的元素本身，也可以是元素进行运算后的结果，也可以是元素组成的元组或者列表，也可以是一个函数，也可以是另一个列表推导式。

其运行结果等同于下面的 for 循环：

```
result = []
for val in collection:
    if condition:
        result.append(expr)
```

代码 2-3-5

相关实现代码请扫描二维码查看。

（2）嵌套列表推导式

嵌套列表推导式是列表推导式中的表达式，也是另一个列表推导式。

基本结构：[… for x in … for y in …]。

说明：for x 部分可能是外循环，也可能是内循环。

相关实现代码请扫描二维码查看。

代码 2-3-6

（3）字典推导式

该推导式生成的结果是字典而不是列表，语法与列表推导式类似。相关实现代码请扫描二维码查看。

代码 2-3-7

（4）集合推导式

该推导式生成的结果是集合，语法与列表推导式类似。相关实现代码请扫描二维码查看。

代码 2-3-8

（5）生成器推导式

该推导式生成的结果是生成器对象。相关实现代码请扫描二维码查看。

（6）再理解推导式中表达式

相关实现代码请扫描二维码查看。

代码 2-3-9

代码 2-3-10

2.3.4　知识巩固

① 推导式是 Python 中非常强大和优雅的方法，可以简化代码，也可以基于现有的容器对容器中的元素做一些操作和判断，从而快速创建新列表、新集合、新字典或生成器。

② 推导式基本结构。

列表推导式：[表达式 for 变量 x in 容器 if 条件]；

字典推导式：{表达式 for 变量 in 容器 if 条件}；

集合推导式：{表达式 for 变量 x in 容器 if 条件}；

生成器推导式：(表达式 for 变量 x in 容器 if 条件)。

任务 2.4　函数的使用

PPT：任务 2.4
函数的使用

2.4.1　任务描述

① 定义和调用函数。

② 深入使用不同类型函数参数。

③ 使用函数返回多个值。

④ 使用局部变量和全局变量。

⑤ 使用匿名函数。

⑥ 理解迭代器和生成器。

⑦ 深入使用高级函数。

2.4.2　任务分析

从函数定义格式、定义说明、调用格式、调用说明，学习使用函数定义和调用；从函数参数概念、参数传递，学习使用函数参数；从函数返回值概念，学习使用函数返回值；从局部变量和全局变量的概念，使用对比学习局部和全局变量；从匿名函数概念、定义格式、定义说明，学习使用匿名函数；从迭代器和生成器概念、定义，学习使用迭代器和生成器；从高阶函数概念、应用场景，学习三种高阶函数的使用，并对比推导式学习高阶函数。

2.4.3　任务实现

1. 函数定义和调用

（1）函数定义

```
def 函数名( 参数列表 ):
    "函数说明文档字符串"
    函数体
    return [表达式]
```

定义说明：

● 函数代码块以 def 关键词开头，后接函数标识符名称和圆括号( )。

● 任何传入参数和自变量都必须放在圆括号内，圆括号之间可以用于定义参数。

● 函数的第一行语句可以选择性地使用文档字符串，用于函数说明。

- 函数内容以冒号起始，并且缩进。
- return[表达式]结束函数，选择性地返回一个值给调用方，不带表达式的 return 相当于返回 None。

相关实现代码请扫描二维码查看。

代码 2-4-1

（2）函数调用

函数名(实参列表)

函数调用说明：

- 如果函数定义没有参数，调用的时候不传数据给参数。
- 在 Python 中，函数必须先定义后使用。
- 形参，函数定义时圆括号中的参数，用于函数调用时接收数据，也就是接收函数执行时需要外部传递数据。
- 实参，函数调用时圆括号中的参数，用于函数调用时传递数据，有确定值，是实参传递给形参。

相关实现代码请扫描二维码查看。

代码 2-4-2

（3）函数文档

函数文档是函数使用和功能的相关说明，可以使用 help 命令查看。相关实现代码请扫描二维码查看。

2. 函数参数

代码 2-4-3

（1）函数参数概述

函数参数用于接收函数执行时需要外部传入的数据。

参数类型如下。

- 位置参数：函数调用时根据函数定义的参数位置来传递数据的参数。
- 关键字参数：函数调用时使用参数名=值的方式来传递数据的参数。
- 默认参数：函数定义时给形参赋了默认值的参数。
- 不定长参数：也叫可变参数，传入函数的参数是可变的，不传参数也可以。

相关实现代码请扫描二维码查看。

（2）函数变长参数

参数定义：

- 未命名的变长参数，参数名前是*，表示元组变长参数。

代码 2-4-4

- 有命名的变长参数，参数名前是**，表示字典变长参数。

参数传递：

- 元组实参需解包，解包形式*tuple，调用形式 func(*tuple)。
- 字典实参需解包，解包形式**dict，调用形式 func(**dict)。

相关实现代码请扫描二维码查看。

代码 2-4-5

3. 返回多个值

函数都是有返回值的，return 可以返回一个或多个值。如果函数返回多
个值，会自动将多个返回值封包成元组返回给调用处。return 返回多个值时，
用逗号隔开，且自动封包成元组。相关实现代码请扫描二维码查看。

代码 2-4-6

4. 局部变量和全局变量

（1）局部变量
定义在函数内部的变量，只能在函数内部使用，拥有局部作用域。相
关实现代码请扫描二维码查看。

代码 2-4-7

（2）全局变量
定义在函数外部的变量，能在整个程序范围内使用，拥有全局作用域。
相关实现代码请扫描二维码查看。

代码 2-4-8

5. 匿名函数

（1）匿名函数
不使用 def 语句定义函数，Python 使用 lambda 来创建匿名函数。
语法格式：lambda 参数列表:表达式
说明：
● 匿名函数有个限制，就是主体只能有一个表达式，而不是一个代码块，不用写 return，
返回值就是该表达式的结果。
● 匿名函数是一个函数对象，可以把匿名函数赋值给一个变量，再利用变量来调用该
函数。
● 匿名函数可以作为函数的返回值返回。
● 匿名函数的参数可有可无,函数的参数在 lambda 表达式中完全适用。
● 匿名函数能接收任何数量的参数，但只能返回一个表达式的值。

代码 2-4-9

相关实现代码请扫描二维码查看。
（2）匿名函数参数形式
相关实现代码请扫描二维码查看。

代码 2-4-10

6. 迭代器和生成器

（1）迭代器
实现了__iter__()和__next__()方法的对象都称为迭代器。__iter__()返回
迭代器自身，__next__()返回容器中的下一个值，如果容器中没有更多元素
了，则抛出 StopIteration 异常。相关实现代码请扫描二维码查看。

代码 2-4-11

（2）显式使用迭代器

利用 Python 内建函数 iter()，可以得到迭代器。list、dict、str 是 Iterable 可迭代的对象，但不是 Iterator 迭代器，不过可以通过 iter() 函数获得 Iterator 对象。相关实现代码请扫描二维码查看。

代码 2-4-12

（3）自动使用迭代器

Python 中的循环语句遍历可迭代对象，会自动进行迭代器的建立、next() 的调用和 StopIteration 的处理。相关实现代码请扫描二维码查看。

代码 2-4-13

（4）生成器

生成器是一种特殊的迭代器，但是不需要像迭代器一样实现 __iter__() 和 __next__() 方法，只需要实现一个带有关键字 yield 的函数，该函数被 Python 解释器视为生成器。相关实现代码请扫描二维码查看。

代码 2-4-14

（5）yield() 函数和普通函数

相关实现代码请扫描二维码查看。

（6）列表推导式和生成器推导式

相关实现代码请扫描二维码查看。

代码 2-4-15

7. 高阶函数

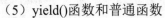

高阶函数是指把函数作为参数传入或返回函数的函数。高级函数是函数式编程的体现，是高度抽象的编程范式。

代码 2-4-16

高阶函数常见应用场景：对列表或其他序列中元素进行某种操作并将其结果集合起来。

内置高级函数：包括 map()、reduce()、filter() 这 3 个函数。

（1）map() 函数

map(func,seq)：将传入的函数 func() 作用到 seq 的每个元素中，并将结果组成新的序列(Python2)/迭代器(Python3)返回。相关实现代码请扫描二维码查看。

代码 2-4-17

（2）reduce() 函数

reduce(func,seq)：函数 func() 有两个参数，初始值为序列 seq 中起始 2 个元素，每次 func() 计算的结果继续和序列中下一个元素传入 func() 做累积计算，直至序列中每个元素都取完。相关实现代码请扫描二维码查看。

代码 2-4-18

（3）filter() 函数

filter(func,seq)：用于过滤序列，过滤掉不符合条件的元素，返回一个 filter() 的对象，func() 函数返回布尔值。相关实现代码请扫描二维码查看。

代码 2-4-19

（4）使用推导式替换高阶函数

以列表推导式为例，F() 是转换输入值的函数，P() 是返回布尔值的函数。

list(map(F, S)) == [F(x) for x in S]

说明：将结果 S 映射到 F()，返回迭代器对象再转换成列表类型输出。

list(filter(P, S)) == [x for x in S if P(x)]

说明：将结果 S 映射到 P()，过滤掉不符合条件的元素，返回由符合
条件元素组成的迭代器对象，再转换成列表类型输出。

相关实现代码请扫描二维码查看。

代码 2-4-20

（5）使用生成器推导式替换高阶函数

相关实现代码请扫描二维码查看。

代码 2-4-21

2.4.4　知识巩固

1. 函数参数

① 函数调用时，如果有位置参数，位置参数必须在关键字参数的前面，但关键字参数
之间不存在先后顺序。

② 函数定义和调用时，所有位置参数必须出现在默认参数前。

③ 函数调用时，如果为默认参数传值，使用新值，否则使用默认值。

④ 函数定义时，*args 变长形参后只能是关键字参数。

2. 函数变长参数

① 对于变长参数，函数调用时，元组和字典必须解包传入。

② 使用解包技术，可以将元组解包成位置参数，将字典解包成关键字参数。

③ 函数内部使用时，自动将变长参数封包成元组或字典使用。

④ 函数调用时，可以用*或者**解包可迭代对象。一个星号可作用于所有的可迭代对
象，称为迭代器解包操作，作为位置参数传递给函数；两个星号只能作用于字典对象，称
之为字典解包操作，作为关键字参数传递给函数。

⑤ 使用*和**的解包的好处是能节省代码量，使得代码看起来更优雅。

3. 变量

① 局部变量的生命周期从函数调用开始，到函数运行结束为止。

② 全局变量的生命周期直到整个程序结束为止。

4. 迭代器

① 迭代器是一种惰性计算的模式，只有在调用 next() 时才生成值，没有调用时就等待
下一次调用。

② 迭代器应用场景特别适合要访问的元素的个数不可提前预测以及数据量非常大。

5. 生成器

① 生成器函数运行原理。当生成器函数被调用时,生成器函数不执行内部的任何代码,直接立即返回一个迭代器;当返回的迭代器第一次调用 next()时,生成器函数从头开始执行,如果遇到了执行 yield x,next()立即返回 yield 值 x;当返回的迭代器继续调用 next()时,生成器函数从上次 yield 语句的下一句开始执行,直到遇到下一次执行 yield;任何时候遇到函数结尾,或者 return 语句,抛出 StopIteration 异常。

② 生成器的两种实现。生成器的两种实现,一种是生成器函数,另一种是生成器推导式。生成器函数由常规函数定义,但使用 yield 语句而不是 return 语句返回结果。yield 语句一次返回一个结果,在每个结果中间,挂起函数的状态,以便下次从它离开的地方继续执行。生成器推导式与列表推导类似,只要将一个列表生成式的[]改成(),就创建了一个 generator。

③ 生成器的好处和局限。好处是延迟计算,一次返回一个结果。也就是说,它不会一次生成所有的结果,这对于大数据量处理,将会非常有用。除了延迟计算,生成器还能有效提高代码可读性,但是生成器只能遍历一次。

小结

本项目介绍了数据分析环境的搭建与使用,包括 Anaconda3 和 Jupyter Notebook。

本项目详细介绍了 Python 内置的 4 个重要数据结构,分别是列表、元组、字典和集合。其中,列表和元组是序列容器,两者的重要区别是元组不可修改;字典和集合是非序列容器,不能通过索引访问元素,字典可以通过键访问值,集合只能遍历访问并且其中元素是唯一的。元组是不可变容器,其他 3 个是可变容器。另外,介绍了常用的序列函数,包括 enumerate()、zip()、sorted()、reversed()。详细介绍了 Python 循环结构,包括列表推导式、集合推导式、字典推导式和生成器推导式。

本项目还详细介绍了解包和封包、函数使用和定义、迭代器和生成器、高阶函数及其与推导式关系。

练习

文本: 参考答案

一、填空题

1. 在 Python 中,字典和集合都是用一对_____作为定界符,字典的每个元素由两部分组成，即_____和_____，其中_____不允许重复。

2. 假设有列表 a = ['name','age','sex']和 b = ['Dong',38,'Male']，请使用一条语句将这两个列表的内容转换为字典，并且以列表 a 中的元素为键，以列表 b 中的元素为值，这个语句可以写为_____。

3. _____（可以、不可以）使用 del 命令来删除元组中的部分元素。

4. 假设列表对象 aList 的值为[3, 4, 5, 6, 7, 9, 11, 13, 15, 17]，那么切片 aList[3:7]得到的值是_____。

5. 使用列表推导式生成包含 10 个数字 5 的列表，语句可以写为_____。

二、选择题

1. 关于 Python 的列表类型，以下选项中描述错误的是（　　）。

    A. 列表是一个可以修改数据项的序列类型

    B. 列表是包含 0 个或多个对象引用的有序序列

    C. 列表的长度不可以变

    D. 列表用中括号[ ]表示

2. 关于函数的返回值，以下选项中描述错误的是（　　）。

    A. 函数可以返回 0 个或多个结果

    B. 函数必须有返回值

    C. 函数而可以有 return，也可以没有

    D. return 可以传递 0 个返回值，也可以传递任意多个返回值

3. 假设 s='hello'，t='world'，能是 w 等于'held'的表达式是（　　）。

    A. w=s[0:2]+t[-2:]   B. w=s[0:2]+t[-1:-3]

    C. w=s[0:1]+t[3:4]   D. w=s[0:2]+t[4:5]

4. 对于序列 s，能够返回序列 s 中第 i 到 j-1 以 k 为步长的元素子序列的表达式是（　　）。

    A. s[i , j , k]   B. s[i ; j ; k]

    C. s[i : j : k]   D. s(i , j , k)

5. 下面代码的输出结果是（　　）。

```
f=lambda x,y:y+x
f(10,10)
```

    A. 10   B. 20

    C. 10,10   D. 100

三、简答题

1. 写出列表推导式、字典推导式、集合推导式基本结构。

2. 什么是匿名函数？写出其基本语法结构。

四、程序题

1. 编写函数，计算两个二级嵌套列表对应元素之和。

list1=[[1,2,3],[4,5,6]]
list2=[[7,8,9],[10,11,12]]

2. 使用 filter()函数取出 1～100 整数序列中的素数。

项目3　NumPy的多维数组处理与存取

项目描述

可以将图像简单地视为二维数字数组，这些数字数组代表各区域的像素值；声音片段可以视为时间和强度的一维数组；文本也可以通过各种方式转换成数值表示，一种可能的转换是用二进制数表示特定单词或单词对出现的频率。不管数据是何种形式，第一步都是将这些数据转换成数值数组形式的可分析数据。正因如此，有效地存储和操作数值数组是数据科学中绝对的基础过程。NumPy 包是 Python 中专门用来处理这些数值数组的工具，NumPy 数组几乎是整个 Python 数据科学工具生态系统的核心。

项目 3 围绕多维数组创建、运算、操作、存取展开。

项目分析

NumPy 是使用 Python 进行科学计算，尤其是数据分析时，所用到的基础软件包，可用来存储和处理大型矩阵，比 Python 自身的嵌套列表结构高效。NumPy 主要用于在大型、多维数组上执行数值运算。NumPy 最重要的一个特点是其 N 维数组对象 ndarray，它是一系列同类型数据的集合，以 0 下标为开始进行集合中元素的索引。ndarray 对象是用于存放同类型元素的多维数组，ndarray 中的每个元素在内存中都有相同存储大小的区域。ndarray 对象的内容可以通过索引或切片来访问和修改，与 Python 中 list 等序列类型对象的切片操作类似。

NumPy 是一个 Python 包，全称是 Numeric Python，是一个由多维数组对象和用于处理数组的例程集合组成的库。Numeric，即 NumPy 的前身，是由 Jim Hugunin 开发的。他也开发了另一个包 Numarray，它拥有处理高维数组、灵活的索引、数据类型变换、广播等功能。2005 年，Travis Oliphant 通过将 Numarray 的功能集成到 Numeric 包中来创建 NumPy 包，成为 Python 科学计算生态系统的基础。

NumPy 提供了 Python 对多维数组对象的支持，即具有矢量运算能力，快速并节省空间。NumPy 支持大量高维度数组与矩阵运算，此外也针对数组运算提供大量的数学函数库。

NumPy 本身并没有提供多么高级的数据分析功能，理解 NumPy 数组以及面向数组的计算将有助于更加高效地使用依赖 NumPy 的 Python 科学计算库，如 Pandas、SciPy、Statsmodels、Sklearn 等，也包括深度学习库。

项目目标

微课 3-1
NumPy 概述

微课 3-2
NumPy 实践
操作

- 举例说明 NumPy 的多维数组。
- 实验多维数组的多种创建。
- 实验多种随机函数。
- 实验多维数组的算术运算、数组点乘和叉乘运算。
- 解释数组矢量化运算、数组广播运算、数组和标量运算、数组点乘和叉乘运算。
- 实验多维数组的索引和切片。
- 举例说明基本索引、切片索引、花式索引和布尔索引。
- 实验多维数组的多种数据处理函数。
- 阐释 NaN 和 inf。
- 阐释 axis。
- 实验多维数组多种操作。
- 实验多维数组多种存取。
- 说明多维数组优势。
- 实验数组编程实现标准差和均方误差。

任务 3.1　认识 NumPy 的多维数组

PPT：任务 3.1
认识 NumPy 的
多维数组

3.1.1　任务描述

① 说明 NumPy 是什么。
② 说明 NumPy 和多维数组的关系。

③ 创建多维数组。

④ 查看多维数组常用属性。

⑤ 画图说明多维数组结构。

微课 3-3
认识 **NumPy** 的
多维数组

3.1.2　任务分析

NumPy 是使用 Python 进行科学计算的基础软件包。它是一个 Python 库，提供多维数组对象以及用于数组快速操作的各种 API，有包括数学、逻辑、形状操作、排序、选择、输入输出、离散傅里叶变换、基本线性代数、基本统计运算和随机模拟等。

NumPy 包的核心是 ndarray 对象，其是同类型的多维数组，所有元素的类型都相同。通过图解多维数组结构和属性，以及代码实现多维数组的创建和获取属性，来初步认识 NumPy 的多维数组。

3.1.3　任务实现

微课 3-4
多维数组实践
操作

1. 创建多维数组

```
In  [1]:  import numpy as np                #导入 NumPy 工具包
```

```
In  [2]:  arr1d=np.arange(12)  #使用 NumPy 的库函数 arange()生成一维数组对象，请观察返回结果
          arr1d
```

```
Out[2]:  array([0, 1, 2, 3, 4, 5, 6, 7, 8, 9, 10, 11])
```

```
In  [3]:  help(np.arange)    #使用 help 命令查看 np.arange()函数的帮助文档，也可以使用 "？" 查
          看 np.arange()
```

```
In  [4]:  arr2d = np.arange(12).reshape(3, 4)   #使用 NumPy 的库函数 reshape()将一维数组转换成
          二维数组
          arr2d
```

```
Out[4]:  array([[ 0, 1, 2, 3],
                [ 4, 5, 6, 7],
                [ 8, 9, 10, 11]])
```

2. 查看多维数组类型

```
In  [5]:  type(arrid)  #查看多维数组类型
```

```
Out[5]:  numpy.ndarray
```

```
In  [6]:  type(arr2d)  #观察一维数组、二维数组对象的类型是否一样
```

```
Out[6]:  numpy.ndarray
```

3. 查看多维数组属性

In [7]:
```
arr2d.ndim  #数组的轴（维度）的个数。在 Python 中，维度的数量用 rank 表示
#输出结果 2，表示二维数组
```

Out[7]: 2

In [8]:
```
#数组的维度：值是元素为整形的元组，表示数组形状。对于 n 行和 m 列的数组，
#shape 值是（n,m）。元组的长度就是 rank 或维度的个数 ndim。
arr2d.shape  #输出结果（3，4），表示数组是 3 行 4 列
```

Out[8]: (3, 4)

In [9]:
```
arr2d.size  #数组元素的总数。这等于 shape 的元素的乘积。输出结果 12，表示总共有
12 个元素
```

Out[9]: 12

In [10]:
```
arr2d.dtype  #数组元素的类型
```

Out[10]: dtype('int32')

In [11]:
```
arr2d.itemsize  #数组中每个元素的字节大小。它等于 ndarray.dtype.itemsize
```

Out[11]: 4

4. 比较运算速度

In [12]:
```
#证实 NumPy 的高效：运行速度、代码简洁
ald_test=np.arange(1000000)  #创建包含一百万个整数的 NumPy 一维数组
list_test=list(range(1000000))  #创建包含一百万个整数的列表
```

In [13]:
```
#循环 10 次，每次循环让数组 ald_test 中每个元素乘 2
%time for_in range(10): my_arr2 = ald_test * 2  #面向数组计算，NumPy 性能
#循环 10 次，每次循环让列表 list_test 中每个元素乘 2
%time for_in range(10): my_list2=[x * 2 for x in list_test]  #Python 原生 list 性能
#%time 将会给出当前行的代码运行一次所花费的时间
#运行结果表明：当数组数据量在百万级的时候，基于 NumPy 的算法要比纯 Python 快
几十倍
#放大 10 倍数据量，观察结果
```

Wall time: 178 ms
Wall time: 1.85 s

3.1.4 知识巩固

1. 多维数组 ndarray 属性

ndarray 的常见属性见表 3-1。

表 3-1 ndarray 属性

属　　性	使用说明
.ndim	秩，即轴的个数
.shape	数组的维度
.size	元素的总个数
.dtype	数据类型
.itemsize	数组中每个元素的字节大小

2. 多维数组 ndarray 数据结构

ndarray 数据结构如图 3-1 所示，分别对应一维数组、二维数组和三维数组的数据结构，二维数组由若干一维数组构成，三维数组由若干二维数组构成。

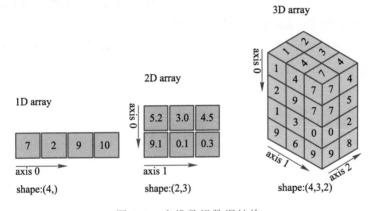

图 3-1　多维数组数据结构

3. 多维数组的轴和秩

轴（axis）：在 NumPy 中，维度称为轴。轴的数目为 rank。每一个线性的数组称为是一个轴，也就是维度（dimensions）。

秩（rank）：维数，即轴的个数。一维数组的秩为 1，二维数组的秩为 2，以此类推。

NumPy 的统计汇总函数一般有参数 axis。axis=0，表示沿着第 0 轴方向进行操作，对于二维数组，即对每列进行操作；axis=1 表示沿着第 1 轴方向进行操作，对于二维数组，即对每行进行操作。

4. 认识多维数组 ndarray 运算

NumPy 所有的操作都是围绕着数组展开的，这个数组的类型就是 ndarray。NumPy 的思维模式是面向数组，NumPy 数组在数值运算方面的效率优于 Python 提供的 list 容器等序列类型。NumPy 之于数值计算特别重要的原因之一，是因为它可以高效处理大数组的数据，这是因为：

- NumPy 是在一个连续的内存块中存储数据，独立于其他 Python 内置对象。
- NumPy 的 C 语言编写的算法库可以操作内存，而不必进行类型检查或其他前期工作。比起 Python 的内置序列，NumPy 数组使用的内存更少。
- NumPy 可以在整个数组上执行复杂的计算，而不需要 Python 的 for 循环。

5. NumPy 数组和原生 Python 数组之间重要的区别

NumPy 数组在创建时具有固定的大小，Python 的原生数组对象可以动态增长，更改 ndarray 的大小将创建一个新数组并删除原来的数组。

NumPy 数组中的元素都需要具有相同的数据类型，因此在内存中的大小相同。

NumPy 数组有助于对大量数据进行高级数学和其他类型的操作。通常，这些操作的执行效率更高，比使用 Python 原生数组的代码更少。

为了高效地使用科学计算工具，只知道如何使用 Python 的原生数组类型是不够的，还需要知道如何使用 NumPy 数组。

任务 3.2　创建多维数组

PPT：任务 3.2 创建多维数组

3.2.1　任务描述

① 从其他 Python 结构（如列表、元组）转换生成 ndarray。
② 使用 NumPy 内部功能函数（如 arange、ones 等）生成 ndarray。
③ 使用特殊的库函数（如随机函数）生成 ndarray。
④ 转换数组数据类型。

微课 3-5 创建多维数组

3.2.2　任务分析

NumPy 库的核心是数组（ndarray）对象和数组编程，可使用 NumPy 数组执行逻辑、统计和科学计算等运算。作为使用 NumPy 的一部分，要做的第一件事就是创建 NumPy 数组。

创建 NumPy 数组有从列表等其他 Python 的结构进行转换、使用 NumPy 内部功能函数、使用特殊的库函数 3 种常用的方法。另外，还可以从磁盘读取标准或自定义格式的文件生成数组、通过使用字符串或缓冲区从原始字节创建数组。

微课 3-6
多维数组的创建
实践操作

3.2.3　任务实现

1. 从列表等其他 Python 的数据结构进行转换

In　[1]:　import numpy as np　　　#导入 NumPy 工具包

In　[2]:　a1d=np.array([1, 2, 3])　　#array()函数借助列表（list）创建一维数组
　　　　　a1d

Out[2]:　array([1, 2, 3])

将 Python 的非嵌套列表转换成 NumPy 一维数组图解过程如图 3-2 所示，对应代码单元 2。

图 3-2　创建一维数组

np.array([1, 2, 'abc'])　　#请测试元素数据类型不一致情况

In　[3]:　#二维数组由若干一维数组组成
　　　　　a2d=np.array([[1, 2], [3, 4]])　#array()函数借助列表（list）创建二维数组
　　　　　a2d

Out[3]:　array([[1, 2],
　　　　　　　　[3, 4]])

将 Python 的二层嵌套列表转换成 NumPy 的二维数组图解过程如图 3-3 所示，对应代码单元 3。

图 3-3　创建二维数组

In　[4]:　#三维数组由若干二维数组构成
　　　　　a3d=np.array([[[1, 2], [3, 4]], [[5, 6], [7, 8]]])　#array()函数借助列表（list）创建三维数组
　　　　　a3d

Out[4]:　array([[[1, 2],
　　　　　　　　[3, 4]],

$$[[5, 6],$$
$$[7, 8]]])$$

　　将 Python 的三层嵌套列表转换成 NumPy 的三维数组图解过程如图 3-4 所示，对应代码单元 4。

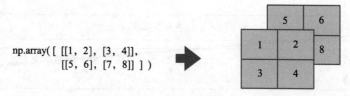

```
np.array( [ [[1，2]，[3，4]]，
           [[5，6]，[7，8]] ] )
```

图 3-4　创建三维数组

| In　[5]: | np.array([1, 2, 3, 4], dtype='float64')　#创建数组时可以指定数据类型 |

Out[5]:　array([1., 2., 3., 4.])

2. 使用 NumPy 内部功能函数

| In　[6]: | np.zeros((3, 4))　#创建一个全 0 数组 |

Out[6]:　array([[0., 0., 0., 0.],
　　　　　　　　[0., 0., 0., 0.],
　　　　　　　　[0., 0., 0., 0.]])

| In　[7]: | np.ones((3, 4))　#创建全 1 数组 |

Out[7]:　array([[1., 1., 1., 1.],
　　　　　　　　[1., 1., 1., 1.],
　　　　　　　　[1., 1., 1., 1.]])

3. 使用随机函数生成数组

| In　[8]: | from numpy import random
random.rand(3, 3)　#随机生成一个二维数组，[0, 1) 范围内的浮点随机数
#每次执行随机函数，结果不同，不便于后续测试结果。请 help(seed) |

Out[8]:　array([[0.92579797, 0.83873034, 0.27599302],
　　　　　　　　[0.9784105, 0.38493194, 0.75035026],
　　　　　　　　[0.05836471, 0.62717307, 0.49286433]])

| In　[9]: | random.rand(2, 3, 3)　#随机生成一个三维数组 |

Out[9]:　array([[[0.73808893, 0.4055257, 0.84993616],
　　　　　　　　[0.72958537, 0.52593235, 0.88657619],
　　　　　　　　[0.56502672, 0.60611734, 0.55199352]],

　　　　　　　 [[0.83797477, 0.524837, 0.28847849],
　　　　　　　　[0.49234708, 0.06487658, 0.45926668],
　　　　　　　　[0.13772539, 0.45701537, 0.66539833]]])

```
In  [10]: random.shuffle(a1d)  #对数组洗牌，随机打乱数组元素，原数组元素顺序发生改变a1d
          #不论是机器学习还是深度学习，总是基于数据独立同分布的假设条件
          #即数据的出现应该是随机的，而不是按照某种顺序排列好的。这就是需要shuffle的根本原因
Out[10]: array([1, 3, 2])

In  [11]: random.permutation(a2d)  #生成一个重新排列的数组，原数组保持不变。思考与shuffle的区别
Out[11]: array([[3, 4],
                [1, 2]])

In  [12]: a2d
Out[12]: array([[1, 2],
                [3, 4]])
```

4. 生成固定范围数组

```
In  [13]: np.arange(1, 20, 5)  #步长为5
Out[13]: array([1,  6,  11,  16])

In  [14]: np.linspace(1, 20, 5)  #生成的数据个数为5，请help(linspace)
Out[14]: array([ 1., 5.75, 10.5, 15.25, 20.])
```

5. 转换数组数据类型

```
In  [15]: a1d=np.array([1, 2, 3], dtype=np.int64)  #创建数组时可以指定元素数据类型
          a1d
Out[15]: array([1, 2, 3], dtype=int64)

In  [16]: a1d2=a1d.astype(np.float64)  #astype()方法可以明确地将一个数组从一个dtype转换成另一个dtype
          a1d2
Out[16]: array([1., 2., 3.])

In  [17]: a1d  #a1d元素类型不变，说明调用astype()总会创建一个新的数组
Out[17]: array([1, 2, 3], dtype=int64)
```

请写代码查看 a1d、a2d、a3d 各个多维数组属性

3.2.4　知识巩固

1. NumPy 数组生成函数

常见数组生成函数见表 3-2。

表 3-2 **NumPy** 的数组生成函数

函　　数	使用说明
arange	类似于内置的 range()函数，用于创建数组
ones	创建指定长度或形状的全 1 数组
ones_like	以另一个数组为参考，根据其形状和 dtype 创建全 1 数组
zeros、zeros_like	类似于 ones、ones_like。创建全 0 数组
empty、empty_like	同上。创建没有具体值的数组
eye、identity	创建正方的 $N \times N$ 单位矩阵

2. NumPy 的随机函数

NumPy 常见随机函数见表 3-3。

表 3-3 **NumPy** 的随机函数

函　　数	使用说明
rand(d0,d1,...,dn)	创建 d0～dn 维度的均匀分布的随机数数组，浮点数，范围为 0～1
randint(low,high,(shape))	从给定上下限范围选取随机数整数，范围是 low、high，形状是 shape
randn(d0,d1,...,dn)	创建 d0～dn 维度的标准正态分布随机数、浮点数、平均数 0、标准差 1
seed(s)	随机数种子，s 是给定的种子值。因为计算机生成的是伪随机数，所以通过设定相同的随机数种子，可以每次生成相同的随机数
permutation	对一个序列随机排序，不改变原数组
shuffle	对一个序列随机排序，改变原数组
uniform(low,high,size)	产生具有均匀分布的数组，low 为起始值，high 为结束值，size 为形状
normal(loc,scale,size)	产生具有正态分布的数组，loc 为分布中心、概率分布的均值，scale 为标准差
poisson(lam,size)	产生具有泊松分布的数组，lam 为随机事件发生率

任务 3.3　多维数组运算

PPT：任务 3.3
多维数组运算

3.3.1　任务描述

① 多维数组矢量化运算实现算术运算。

② 多维数组广播运算实现算术运算。

③ 多维数组和标量的算术运算。

④ 多维数组点乘和叉乘运算。

微课 3-7
多维数组运算（1）

3.3.2　任务分析

NumPy 的核心作用是对多维数组执行运算，可以高效处理大数组数据。要理解 NumPy

的多维数组运算，需要理解如下概念和知识。

● 矢量也称向量，在数学中，指具有大小和方向的量。

● 标量也称数量，与向量对应的只有大小，没有方向的量。

在 NumPy 中，矢量是一维数组，由 n 个实数组成的一个 n 行 1 列（$n×1$）或一个 1 行 n 列（$1×n$）的有序数组。二维数组的每行是行矢量，每列是列矢量。默认情况下，一维数组会被视为二维数组中的行矢量。在二维情况下，行矢量和列矢量的处理方式有所不同。NumPy 支持矢量和矩阵的混合运算，甚至两个矢量之间的运算。

矢量运算，指的是用数组表达式代替循环来操作数组，使用 NumPy 数组可以不用编写循环语句就可对数据执行批量运算。

在数组运算中常见的运算有数组矢量运算、数组广播、数组与标量间的运算。

在 NumPy 中，矢量运算意味着 shape 相等的数组之间的任何算术运算都会将运算应用到元素级，即只用于位置相同的元素之间，所得的运算结果组成一个新的数组。数组在进行矢量运算时，要求数组的形状是相等的。当形状不相等的数组执行算术计算的时候，就会出现广播机制，该机制会对数组进行扩展，使数组的 shape 属性值一样，这样就可以进行矢量运算。同样，数组与标量的算术运算也会将那个标量值传播到各个元素，再进行矢量运算。

矩阵运算需要使用线性代数模块。矩阵点乘的条件是矩阵 A 的列数等于矩阵 B 的行数。需要注意的是，矩阵点乘也是矢量运算，是矢量点乘运算。

● 矢量点乘也叫矢量的内积、数量积，是两个矢量的对应位相乘后再求和，矢量点乘结果是标量。

● 矢量叉乘也叫矢量的外积、向量积，是两个矢量的对应位相乘，矢量叉乘结果是矢量。

3.3.3 任务实现

1. 数组矢量化运算

矢量化运算是基于整个数组而不是其中单个元素的运算，这对于数组编程而言是必要的。矢量运算意味着 shape 相等的数组之间的任何算术运算都会将运算应用到对应位置的元素级。根据运算规则，面向数组，逐元素进行。

微课 3-8
多维数组运算
实践操作

```
In  [1]:   import numpy as np

In  [2]:   data1 = np.array([[1, 2, 3], [4, 5, 6]])

In  [3]:   data2 = np.array([[1, 2, 3], [4, 5, 6]])

In  [4]:   data1 + data2    #shape 相同的数组相加，对应位置元素级相加运算
Out[4]:   array([[2, 4, 6],
                 [8, 10, 12]])
```

两个二维数组相加的矢量化运算图解过程如图 3-5 所示，对应代码单元 2～4。

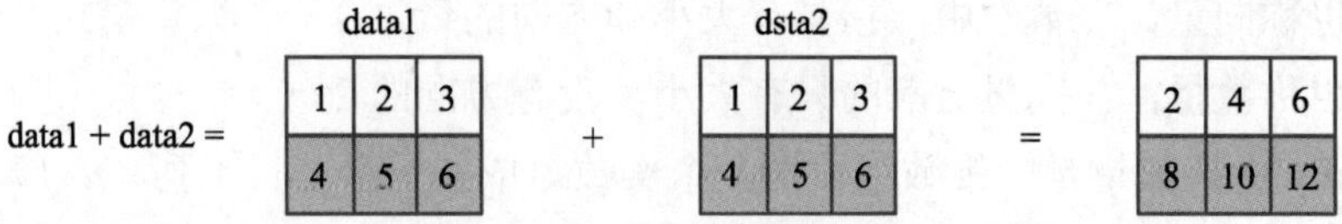

图 3-5　数组矢量化运算

```
In  [5]:  data1 * data2        #数组相乘，对应位置元素级运算
Out[5]:  array([[1, 4, 9],
                [16, 25, 36]])

In  [6]:  data1 – data2        #数组相减，对应位置元素级运算
Out[6]:  array([[0, 0, 0],
                [0, 0, 0]])

In  [7]:  data1 / data2        #数组相除，对应位置元素级运算
Out[7]:  array([[1., 1., 1.],
                [1., 1., 1.]])
```

2. 数组广播运算

广播：不同形状的数组之间的算术运算的执行方式。

广播运算：当形状不相等的数组执行算术计算时，就会自动触发广播机制，该机制会对数组进行扩展，扩展维度小的数组，使数组的 shape 属性值一样，这样就可以进行矢量运算。

```
In  [8]:  arr1 = np.array([[0], [1], [2], [3]])

In  [9]:  arr1.shape
Out[9]:  (4, 1)

In  [10]:  arr2 = np.array([1, 2, 3])

In  [11]:  arr2.shape
Out[11]:  (3, )

In  [12]:  arr1 + arr2
Out[12]:  array([[1, 2, 3],
                 [2, 3, 4],
                 [3, 4, 5],
                 [4, 5, 6]])
```

二维数组和一维数组相加，先广播运算后矢量化运算的图解过程如图 3-6 所示，对应代码单元 8～12。

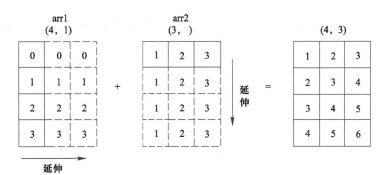

图 3-6 数组广播机制

In [13]: arr3=np.array([[0, 4],[1, 5],[2, 6],[3, 7]])
arr3.shape

Out[13]: (4, 2)

In [14]: arr3+arr2 #广播失效，无法延伸致 shape 一致

ValueError   Traceback (most recent call last)
<ipython-input-14-8634b658fae2> in <module>
---> 1 arr3+arr2 #广播失效，无法延伸致 shape 一致
ValueError: operands could not be broadcast together with shapes (4,2) (3,)

一维数组和二维数组相加，广播运算失败图解过程如图 3-7 所示，对应代码单元 13、14。

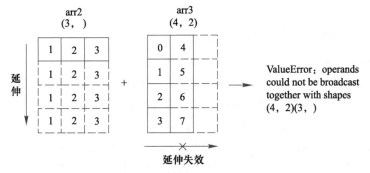

图 3-7 数组广播失效

3. 数组和标量运算

标量运算会产生一个与另一个数组具有相同行和列的新矩阵，标量值传播到对应位置。

In [15]: data1 = np.array([[1, 2, 3], [4, 5, 6]])

In [16]: data2 =10

In [17]: data1 + data2   #数组加标量 10

Out[17]: array([[11, 12, 13],
            [14, 15, 16]])

数组和标量相加，先广播运算后矢量化运算图解过程如图 3-8 所示，对应代码单元 15～17。

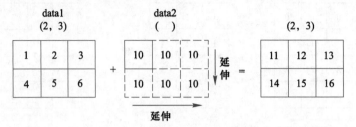

图 3-8　数组和标量运算

```
In  [18]:  data1 * data2    #数组相乘
```
```
Out[18]:  array([[10, 20, 30],
                 [40, 50, 60]])
```
```
In  [19]:  data1 - data2    #数组相减
```
```
Out[19]:  array([[-9, -8, -7],
                 [-6, -5, -4]])
```
```
In  [20]:  data1 / data2    #数组相除
```
```
Out[20]:  array([[0.1, 0.2, 0.3],
                 [0.4, 0.5, 0.6]])
```

4. 矩阵和数组

矩阵和数组的主要区别，矩阵必须是二维的，而数组可以是多维的。矩阵类型是 numpy.matrix，数组类型是 numpy.ndarray。二维数组可以表示矩阵，实现矩阵的所有功能，只不过需要调用相关方法或使用特殊运算符。如数组实现矩阵乘法需调用 dot 方法，或使用@运算符。NumPy 的开发者推荐统一使用 ndarray 类来代替 matrix 类，使用数组来操作矩阵和线性代数，使得 Python 生态看起来规范。矩阵和二维数组可以相互转换。

微课 3-9
多维数组运算（2）

```
In  [21]:  arr1 = np.array([[1, 2, 3], [4, 5, 6], [7,8,9]])
           arr1
```
```
Out[21]:  array([[1, 2, 3],
                 [4, 5, 6],
                 [7, 8, 9]])
```
```
In  [22]:  arr2=np.arange(9).reshape(3,3)
           arr2
```
```
Out[22]:  array([[0, 1, 2],
                 [3, 4, 5],
                 [6, 7, 8]])
```
```
In  [23]:  a1_mat=np.matrix(arr1)    #使用 np.matrix() 函数创建矩阵，也可以把数组转换为矩阵
           a1_mat
```

```
Out[23]:   matrix([[1, 2, 3],
                   [4, 5, 6],
                   [7, 8, 9]])
```

```
In  [24]:  type(arr1)
```

Out[24]:　numpy.ndarray

```
In  [25]:  type(a1_mat)
```

Out[25]:　numpy.matrix

```
In  [26]:  #numpy.mat()等价 numpyp.matrix(data,copy=False)，mat 创建矩阵时不会对已有的数组
           进行复制
           a1_mat=np.mat(arr1)
           a1_mat
```

```
Out[26]:   matrix([[1, 2, 3],
                   [4, 5, 6],
                   [7, 8, 9]])
```

```
In  [27]:  a2_mat=np.matrix(arr2)    #使用 np.matrix()函数创建矩阵，也可以把数组转换为矩阵
           a2_mat
```

```
Out[27]:   matrix([[0, 1, 2],
                   [3, 4, 5],
                   [6, 7, 8]])
```

```
In  [28]:  a2_arr=np.array(a2_mat)        #使用 np.array()函数把矩阵转换为数组
           a2_arr
```

```
Out[28]:   array([[0, 1, 2],
                  [3, 4, 5],
                  [6, 7, 8]])
```

5. 矩阵相乘

由 $m×n$ 个数排成的 m 行 n 列的数表称为 m 行 n 列的矩阵，简称 $m×n$ 矩阵。

矩阵乘法准则：(m 行, n 列)*(n 行, l 列) = (m 行, l 列)，矩阵乘法运算时需要维度之间严格匹配。

```
In  [29]:  np.dot(arr1,arr2)  #使用 dot()函数，传入二维数组，实现矩阵相乘
```

```
Out[29]:   array([[24, 30, 36],
                  [51, 66, 81],
                  [78, 102, 126]])
```

```
In  [30]:  arr1@arr2  #@符号代表进行矩阵乘法运算
```

```
Out[30]:   array([[24, 30, 36],
                  [51, 66, 81],
                  [78, 102, 126]])
```

使用二维数组实现矩阵相乘的运算图解过程如图 3-9 所示，对应代码单元 29 或 30。

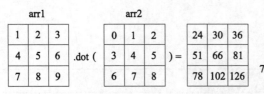

图 3-9　矩阵相乘

In 　[31]:　arr1 * arr2　#数组相乘运算，不是矩阵点乘

Out[31]:　array([[0, 2, 6],

　　　　　　　　　[12, 20, 30],

　　　　　　　　　[42, 56, 72]])

In 　[32]:　a1_mat*a2_mat　#由于 * 左右是矩阵，所以此时 * 表示矩阵相乘运算

Out[32]:　matrix([[24, 30, 36],

　　　　　　　　　[51, 66, 81],

　　　　　　　　　[78, 102, 126]])

In 　[33]:　a1_mat.dot(a2_mat)　#也可以使用 dot 进行矩阵乘法运算

Out[33]:　matrix([[24, 30, 36],

　　　　　　　　　[51, 66, 81],

　　　　　　　　　[78, 102, 126]])

3.3.4　知识巩固

1．广播条件和广播方式

是不是任何时候，数组的广播都会成功呢？当然不是。广播机制需要满足如下任意一
个条件。

① 两个数组的某一维度等长。

② 其中一个数组的某一维度为 1。

广播机制需要扩展维度小的数组，使得它与维度最大的数组的 shape 值相同，以便使
用元素级函数或者运算符进行运算。

2．矩阵乘法公式

矩阵相乘，如果通过 "*" 对两个数组相乘，得到的是一个元素级的积，而不是一个
矩阵点积。设 A 为 $m \times p$ 的矩阵，B 为 $p \times n$ 的矩阵，那么 $m \times n$ 的矩阵 C 为矩阵 A 与矩阵 B
的乘积，记做 $C=AB$，其中矩阵 C 中的第 i 第 j 列元素可以表示为：

$$(AB)_{ij} = \sum_{k=1}^{p} a_{ik}b_{kj} = a_{i1}b_{1j} + a_{i2}b_{2j} + \cdots + a_{ip}b_{pj}$$

矩阵点积计算过程如下。

$$A = \begin{bmatrix} a_{1,1} & a_{1,2} & a_{1,3} \\ a_{2,1} & a_{2,2} & a_{2,3} \end{bmatrix}$$

$$B = \begin{bmatrix} b_{1,1} & b_{1,2} \\ b_{2,1} & b_{2,2} \\ b_{3,1} & b_{3,2} \end{bmatrix}$$

$$C = AB = \begin{bmatrix} a_{1,1}b_{1,1} + a_{1,2}b_{2,1} + a_{1,3}b_{3,1}, & a_{1,1}b_{1,2} + a_{1,2}b_{2,2} + a_{1,3}b_{3,2} \\ a_{2,1}b_{1,1} + a_{2,2}b_{2,1} + a_{2,3}b_{3,1}, & a_{2,1}b_{1,2} + a_{2,2}b_{2,2} + a_{2,3}b_{3,2} \end{bmatrix}$$

3. 乘法函数

np.dot()和 np.matmul()都是矩阵的乘法函数，np.matmul()中禁止矩阵与标量的乘法。在矢量乘矢量的点乘运算中，np.matmul()与 np.dot()没有区别。

np.multiply()是数组的乘法运算，和数组的*运算符等价，是矢量叉乘运算。如果将数组转换为矩阵，则*运算符表示矩阵相乘。

4. 图解数组乘法运算

数组乘法运算包括数组矩阵运算和数组矢量化乘法运算，矩阵运算使用的是矢量点乘，矢量化乘法运算使用的是矢量叉乘，如图 3-10 所示。

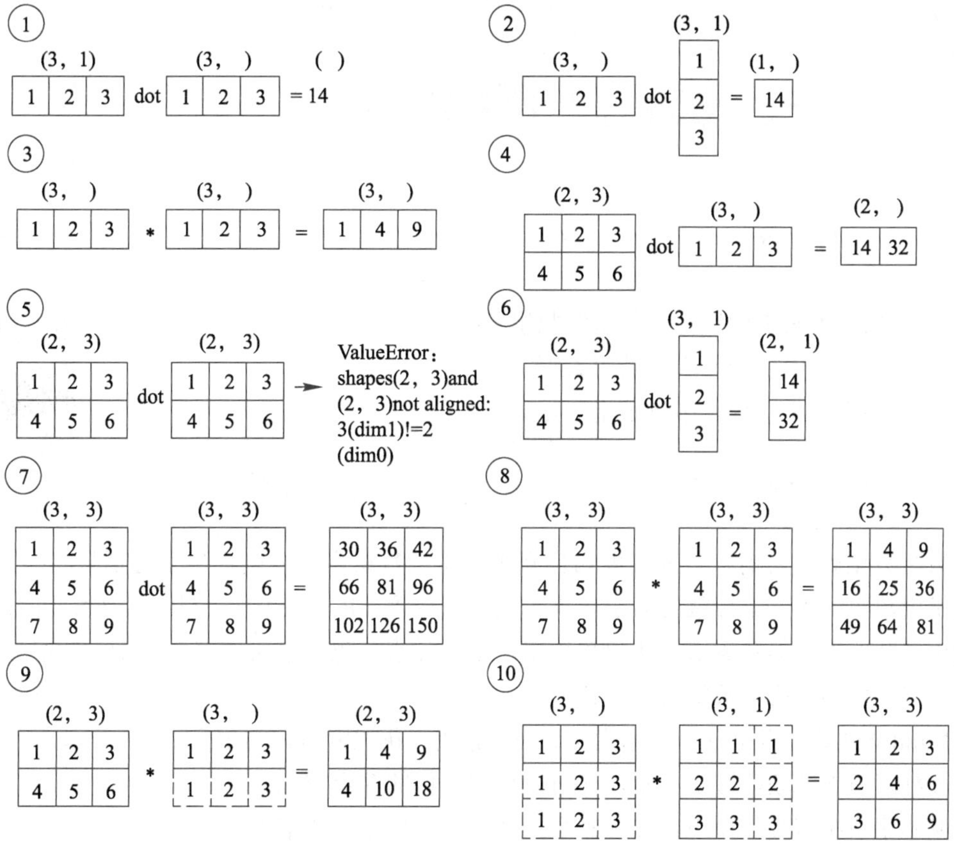

图 3-10　数组乘法运算

情况 1：shape=(3,)两个一维数使用 dot()函数实现矩阵相乘，结果为标量。

情况 2：shape=(3,)一维数组和 shape=(3,1)二维数组使用 dot()函数实现矩阵相乘，结果为 shape=(1,)一维数组。

情况 3：两个一维数组矢量化乘法运算，结果为一维数组。

情况 4：shape=(2,3)二维数组和 shape=(3,)一维数组使用 dot()函数实现矩阵相乘，结果为 shape=(2,)一维数组。

情况 5：2 个 shape=(2,3)二维数组使用 dot()函数实现矩阵相乘，广播失败。

情况 6：shape=(2,3)二维数组和 shape=(3,1)二维数组使用 dot()函数实现矩阵相乘，结果为 shape=(2,1)二维数组。

情况 7：2 个 shape=(3,3)二维数组使用 dot()函数实现矩阵相乘，结果为 shape=(3,3)二维数组。

情况 8：2 个 shape=(3,3)二维数组矢量化乘法运算，结果为 shape=(3,3)二维数组。

情况 9：shape=(2,3)二维数组和 shape=(3,)一维数组矢量化乘法运算，结果为 shape=(2,3)二维数组。

情况 10：shape=(3,)一维数组和 shape=(3,1)二维数组矢量化乘法运算，结果为 shape=(3,3)二维数组。

任务 3.4 多维数组的索引和切片操作

PPT：任务 3.4 多维数组的索引和切片操作

3.4.1 任务描述

① 使用基本索引和切片操作多维数组数据。
② 使用花式索引操作多维数组数据。
③ 使用布尔索引操作多维数组数据。

微课 3-10 多维数组的索引和切片

3.4.2 任务分析

数组数据处理之前，首先需要访问数组元素。数组索引机制提供了方括号[]加下标的形式引用数组元素。下标就是索引，表示元素的位置。Python 的索引从 0 开始，并接受从数组末尾开始索引的负索引。不仅可以引用单个元素，也可以引用多个元素。数组创建的时候，就会自动生成和数组大小一致的索引。

NumPy 的数组索引分为基本索引、切片索引、花式索引和布尔索引 4 种类型，可以使用这 4 种索引方式获取数组元素，还可以使用它们的混合方式。

基本索引指直接使用下标作为索引，如 a[i]、a[i][j]、a[i,j]等。

切片索引指使用 "：" 隔开元素下标作为索引，如 a[i:k]、a[i:k][j]、a[i:k,j]等。

　　花式索引指使用整数数组或列表作为索引，也叫数组索引，如 a[[i1,i2]]等。

　　布尔索引是指使用布尔数组作为索引，返回布尔值为 true 对应的数据，如 a[a==3]等。

3.4.3　任务实现

微课 3-11
多维数组的
索引和切片
实践操作

1. 基本索引和切片操作

In　[1]:　import numpy as np

In　[2]:　arr = np.arange(1, 4)　　#使用 arange()函数创建一个一维数组
　　　　　arr

Out[2]:　array([1, 2, 3])

In　[3]:　#获取一维数组单个元素的表达形式:数组名[元素序号]
　　　　　arr[0]　#通过基本索引的方式获取索引为 0 的元素。arr[-1]=?

Out[3]:　1

In　[4]:　#切片操作是抽取数组的一部分元素生成新数组，切片操作符是: 号
　　　　　arr[0:2]　#通过切片索引方式获取索引为 0～2 的元素，但不包括 2

Out[4]:　array([1, 2])

In　[5]:　arr[1:]　#通过切片索引方式获取索引从 1 开始，到最后的元素

Out[5]:　array([2, 3])

In　[6]:　arr[-2:]　#获取索引从-2 开始，到最后的元素，最后一个元素的负向索引是-1

Out[6]:　array([2, 3])

In　[7]:　arr[1::2]　#获取索引为 1～最后的元素，步长为 2

Out[7]:　array([2])

一维数组的基本索引和切片操作图解如图 3-11 所示，对应代码单元 2～7。

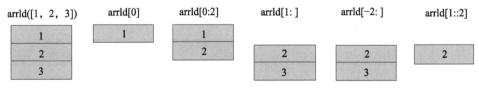

图 3-11　基本索引和切片操作

In　[8]:　arr2d = np.array([[1, 2, 3], [4, 5, 6], [7, 8, 9]])　#创建二维数组

In　[9]:　#获取二维数组单个元素表达形式，一种是数组名[序号,序号]，另一种是数组名[序号][序号]

```
arr2d[0, 1]  #基本索引方式获取第 0 行第 1 列的元素
```

Out[9]: 2

In [10]:
```
arr2d[0][1]  #获取第 0 行第 1 列的元素
```

Out[10]: 2

In [11]:
```
arr2d[1]  #获取第 1 行的元素
```

Out[11]: array([4, 5, 6])

In [12]:
```
arr2d[:2]  #切片索引方式获取 0～1 行元素
```

Out[12]: array([[1, 2, 3],
       [4, 5, 6]])

In [13]:
```
arr2d[0:2, 0:2]  #获取 0～1 行的 0～1 列元素
```

Out[13]: array([[1, 2],
       [4, 5]])

In [14]:
```
arr2d[1, :2]  #获取 1 行的 0～1 列元素
```

Out[14]: array([4, 5])

二维数组的基本索引和切片操作图解如图 3-12 所示，对应代码单元 8～14。

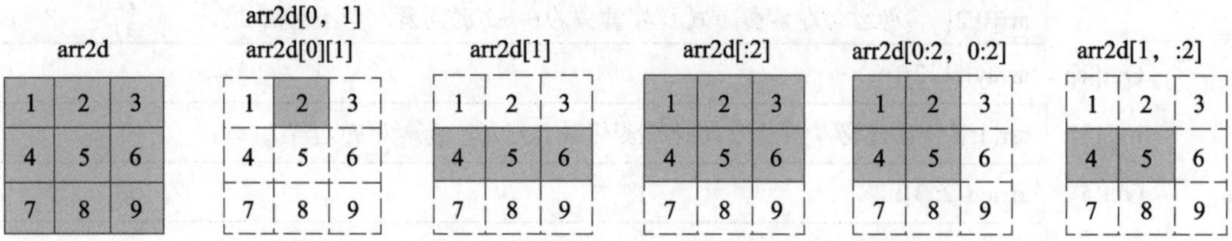

图 3-12 基本索引和切片操作

2. 花式索引操作

In [1]:
```
import numpy as np
```

In [2]:
```
arr1d=np.arange(0,8,2)
arr1d
```

Out[2]: array([0, 2, 4, 6])

In [3]:
```
arr1d[[0, 2, 3]]  #花式索引使用整数数组来索引，每个整数数组一次代表一个维度
```

Out[3]: array([0, 4, 6])

In [4]:
```
arr2d=np.arange(0, 16).reshape(4,4)
arr2d
```

Out[4]: array([[0, 1, 2, 3],
       [4, 5, 6, 7],
       [8, 9, 10, 11],
       [12, 13, 14, 15]])

```
In  [5]:    arr2d[[0, 2]]   #二维数组使用花式索引，获取索引为第 0 行、第 2 行元素
Out[5]:    array([[0, 1, 2, 3],
                   [8, 9, 10, 11]])
In  [6]:    arr=arr2d[[2, 0, 3, 3], [1, 0, 2, 3]]   #访问 arr2d[2, 1]、arr2d[0, 0]、arr2d[3, 2]、arr2d[3, 3]
            arr
Out[6]:    array([9, 0, 14, 15])
In  [7]:    arr2d[[0, 1], [2]]   #访问 arr[0][2]、arr[1][2]，Numpy 的广播机制先将[2]变成[2, 2]
Out[7]:    array([2, 6])
In  [8]:    arr=arr2d[(2, 0, 3, 3), (1, 0, 2, 3)]   #访问 arr2d[2, 1]、arr2d[0, 0]、arr2d[3, 2]、arr2d[3, 3]
            arr
Out[8]:    array([9, 0, 14, 15])
```

花式索引操作图解如图 3-13 所示，对应代码单元 4~6。

图 3-13　花式索引操作

3. 布尔型索引操作

```
In  [1]:    import numpy as np
```

```
In  [2]:  name = np.array(['张三', '李四', '王五', '小六'])
          name
Out[2]:   array(['张三', '李四', '王五', '小六'], dtype='<U2')
In  [3]:  score = np.array([[79, 88, 80], [89, 90, 92], [83, 78, 85], [78, 76, 80]])
          score
Out[3]:   array([[79, 88, 80],
                 [89, 90, 92],
                 [83, 78, 85],
                 [78, 76, 80]])
```

一维数组和二维数组创建图解过程如图 3-14 所示，对应代码单元 2～3。

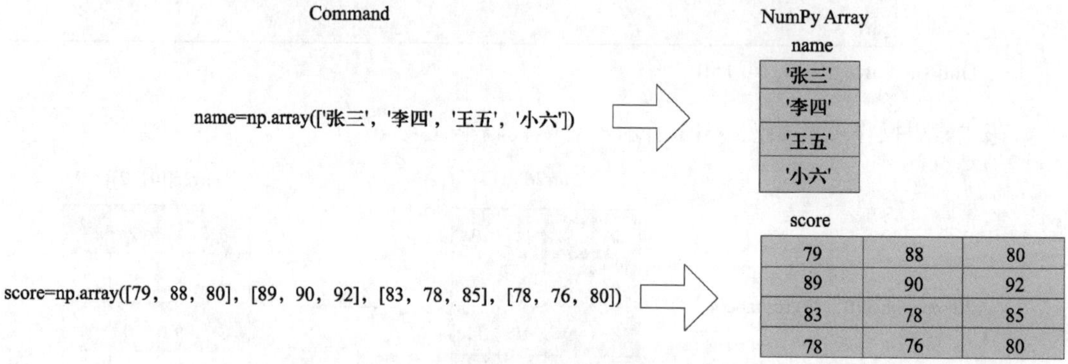

图 3-14　数组创建

```
In  [4]:  name =='张三'   #数组的比较运算产生一个布尔型数组
Out[4]:   array([True, False, False, False])
In  [5]:  score[name=='张三']   #将布尔数组作为索引，返回的元素是 True 值对应的行
Out[5]:   array([[79, 88, 80]])
```

数组布尔索引操作案例 1 图解过程如图 3-15 所示，对应代码单元 4 和 5。

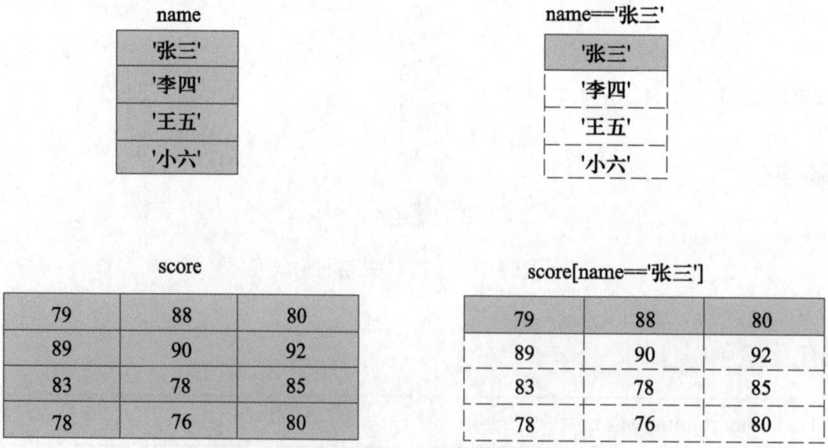

图 3-15　数组布尔索引操作案例 1

In　[6]:　score[:,0]<80

Out[6]:　array([True, False, False, True])

In　[7]:　name[score[:,0]<80]

Out[7]:　array(['张三', '小六'], dtype='<U2')

数组布尔索引操作案例 2 图解过程如图 3-16 所示，对应代码单元 6～7。

图 3-16　数组布尔索引操作案例 2

In　[8]:　score[score[:,0]<80]

Out[8]:　array([[79, 88, 80],
　　　　　　　[78, 76, 80]])

数组布尔索引操作案例 3 图解过程如图 3-17 所示，对应代码单元 8。

图 3-17　数组布尔索引操作案例 3

In　[9]:　score[name=='张三', :1]

Out[9]:　array([[79]])

数组布尔索引操作案例 4 图解过程如图 3-18 所示，对应代码单元 9。

图 3-18　数组布尔索引操作案例 4

3.4.4 知识巩固

1. 图解切片和索引

综合使用基本索引、切片索引、花式索引、布尔索引操作二维数组的图解过程如图 3-19 所示。

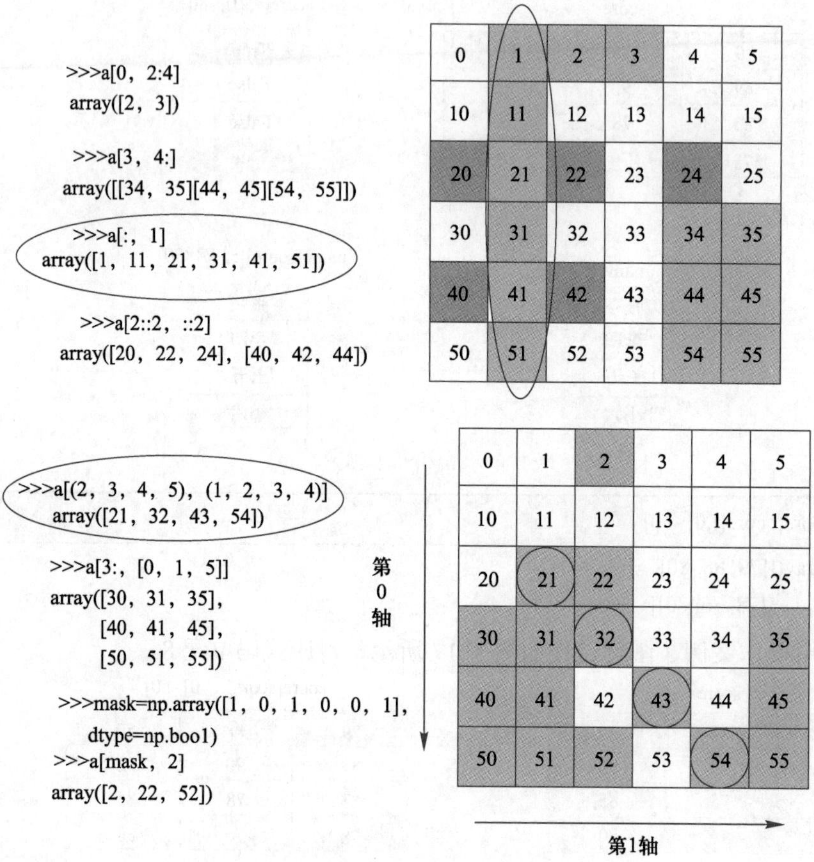
>>>a[0, 2:4]
array([2, 3])
>>>a[3, 4:]
array([[34, 35][44, 45][54, 55]])
>>>a[:, 1]
array([1, 11, 21, 31, 41, 51])
>>>a[2::2, ::2]
array([20, 22, 24], [40, 42, 44])
>>>a[(2, 3, 4, 5), (1, 2, 3, 4)]
array([21, 32, 43, 54])
>>>a[3:, [0, 1, 5]]
array([30, 31, 35],
[40, 41, 45],
[50, 51, 55])
>>>mask=np.array([1, 0, 1, 0, 0, 1],
dtype=np.boo1)
>>>a[mask, 2]
array([2, 22, 52])
第0轴
第1轴

图 3-19 索引和切片运算

本页彩图

2. 副本与视图

Python 序列的切片属于副本，NumPy 数组的切片属于视图。如果想要一份数组切片的副本而不是视图的话，就必须显式地复制这个数组，如 data[1:3].copy()。

- 副本：复制，物理内存不在同一位置。
- 视图：引用，物理内存在同一位置。

3. 花式索引再理解

花式索引根据索引整型数组的值作为目标数组的某个轴的下标来取值。如果设置多个整数数组来索引的话，这些整数数组的元素个数要相等，这样才能够将整数数组映射成下标。如果其中一个整型数组只有一个元素可以广播到与其他整型数组相同的元素个数，例如[0, 1]和[2]两个整数数组，NumPy 的广播机制先将[2]变成[2, 2]，然后再拼接成相应的下标 arr[0, 2]和 arr[1, 2]。一个整数数组作用在待索引数组中的一个轴上，因此整数数组的个数要小于或等于待索引数组的维度个数。对于下标而言，花式索引本质上可以转换为基本索引，所以要求整数数组中的元素值不能超过对应待索引数组的最大索引。

在机器学习中，常通过使用花式索引来获取洗牌后数据集的样本顺序，保留原数据物理位置不变，避免机器学习模型学习到样本的位置噪声，使用花式索引能够轻松解决。

```
import numpy as np
from sklearn import datasets
digits = datasets.load_digits()
X = digits.data
y = digits.target
index = np.random.permutation(X.shape[0])    #洗牌顺序
print(type(index)) #<class 'numpy.ndarray'>
X_random, y_random = X[index], y[index]    #乱序后的数据集
```

任务 3.5　多维数组的数据处理与运算

PPT：任务 3.5
多维数组的数据
处理与运算

3.5.1　任务描述

① 将条件逻辑转为数组运算。
② 数组统计运算。
③ 数组排序运算。
④ 数组元素检查判断。
⑤ 数组集合逻辑运算。
⑥ 数组的通用函数运算数组。
⑦ 说明和使用 NumPy 中的 NaN 和 inf。
⑧ 说明 axis 参数。

微课 3-12
多维数组的
数据处理与
运算（1）

3.5.2　任务分析

NumPy 数组可以将许多烦琐的数据处理任务转换为简洁的数组表达式，它处理数据的速度比内置 Python 循环快几十倍。有了多维数组数据模型和数据，就可以对数组进行数据处理与运算。在多维数组的数据处理中，常见的处理操作有条件逻辑、统计、排序、检索

数组元素以及唯一化等，常见的运算有数学运算和把二维数组直接当做矩阵的矩阵运算等。

　　在 NumPy 中，可以使用 where()函数来进行数组级别的三元表达式 x if condition else y 条件逻辑操作；通过 NumPy 库的统计函数来进行数组的统计汇总，如计算数组极大值、极小值、平均数等；通过排序和集合函数来进行数组的排序和集合操作，如 sort()函数排序数组数据、unique()函数排序数组并返回去重复的数组、all()与 any()函数检索数组元素、in1d()函数判断数组中的元素是否在另一个数组中存在等。

　　在 NumPy 中，可以使用通用函数实现数组的数学运算，使用线性代数模块函数实现矩阵运算。通用函数（即 ufunc()）是一种对 ndarray 中的数据执行元素级运算 ndarray 数组的算术、比较操作符运算也是元素级别的。

3.5.3　任务实现

微课 3-13
多维数组的数据处理与运算
实践操作（1）

1.　将条件逻辑转换为数组运算

In　[1]:
```
import numpy as np
import warnings
warnings.filterwarnings("ignore", category=Warning)    #忽略警告
```

In　[2]:
```
arr_x = np.array([1, 5, 7])
arr_y = np.array([2, 6, 8])
arr_con = np.array([True, False, True])    #布尔数组一般是根据需求条件逻辑运算得到
```

In　[3]:
```
#三个参数np.where(cond, x, y): 满足条件（cond）输出x，不满足输出y
result = np.where(arr_con, arr_x, arr_y)
result
```

Out[3]:　array([1, 6, 7])

where 条件逻辑运算图解过程如图 3-20 所示，对应代码单元 2 和 3。

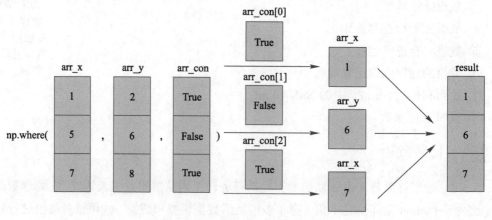

图 3-20　where 条件逻辑运算

In [4]:
```
#一个参数 np.where(arry)：输出 arry 中'真'值的下标（'真'也可以理解为非零）
arr2d=np.array([[0, 1, 2], [3, 4, 5]])
np.where(arr2d)
```

Out[4]:　(array([0, 0, 1, 1, 1], dtype=int64), array([1, 2, 0, 1, 2], dtype=int64))

In [5]:
```
arr2d[np.where(arr2d)]   #通过下标索引取为真的数据
```

Out[5]:　array([1, 2, 3, 4, 5])

In [6]:
```
#也经常使用 np.where 来找到符合条件的元素下标，最后通过下标取数据
#下标是元组类型，元组的每个元素是一维数组。
#也可以通过布尔数组方式读取满足条件的数据：index2=arr2d>2   arr2d[index]，对比
思考异同
index = np.where(arr2d > 2)   #取到满足条件的元素下标，元组类型
arr2d[index]   #通过下标取数据，掌握通过布尔数组取满足条件数据也很重要
```

Out[6]:　array([3, 4, 5])

2. 数组统计运算

In [7]:
```
arrld = np.arange(1, 4)
```

In [8]:
```
arrld.max()      #求最大值
```

Out[8]:　3

In [9]:
```
arrld.argmax()      #求最大值的索引，项目中经常先取数据的索引，最后通过索引取数据
```

Out[9]:　2

In [10]:
```
arrld.min()      #求最小值
```

Out[10]:　1

In [11]:
```
arrld.argmin()      #求最小值的索引
```

Out[11]:　0

In [12]:
```
arrld.sum()      #求和
```

Out[12]:　6

In [13]:
```
arrld.mean()      #求平均值
```

Out[13]:　2.0

In [14]:
```
#样本方差：var=mean((x-x.mean()) ** 2)
arrld.var()   #方差是每个样本值与全体样本值的平均数之差的平方值的平均数
```

Out[14]:　0.6666666666666666

In [15]:
```
#标准差：是 var 的平方根，std=sqrt(mean((x-x.mean())**2)
arrld.std()   #标准差是一组数据平均值分散程度的一种度量
```

Out[15]:　0.816496580927726

一维数组统计运算图解过程如图 3-21 所示，对应代码单元 7～15。

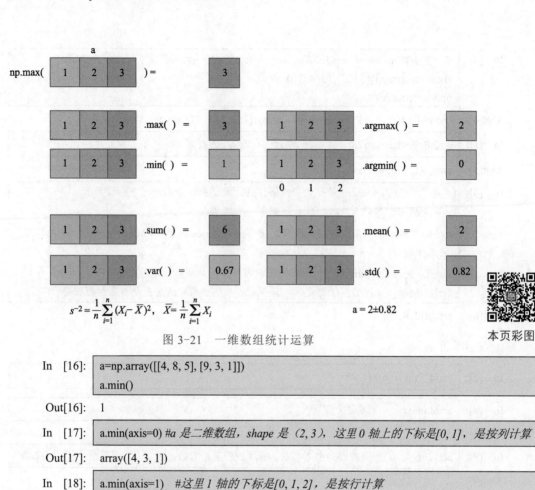

$$s^{-2} = \frac{1}{n}\sum_{i=1}^{n}(X_i - \overline{X})^2, \quad \overline{X} = \frac{1}{n}\sum_{i=1}^{n}X_i \qquad\qquad a = 2\pm0.82$$

图 3-21　一维数组统计运算

本页彩图

In	[16]:	a=np.array([[4, 8, 5], [9, 3, 1]]) a.min()

Out[16]:　1

In	[17]:	a.min(axis=0) #a 是二维数组，shape 是（2，3），这里 0 轴上的下标是[0, 1]，是按列计算

Out[17]:　array([4, 3, 1])

In	[18]:	a.min(axis=1)　#这里 1 轴的下标是[0, 1, 2]，是按行计算

Out[18]:　array([4, 1])

二维数组统计运算图解过程如图 3-22 所示，对应代码单元 16~18。

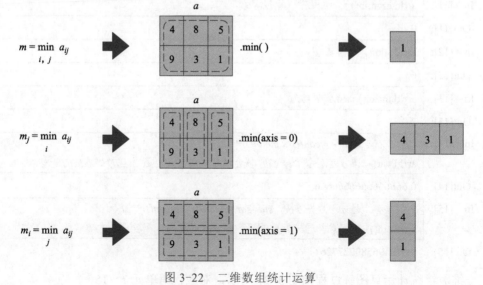

图 3-22　二维数组统计运算

In [19]: a.argmin()　#用于二维及更高维的argmin()和argmax()函数会返回最小和最大值的第一个实例索引，返回的不是二维或高维索引，而是一维索引，NumPy 的内部会将高维转换成一维之后再进行这个操作

Out[19]: 5

In [20]: np.unravel_index(a.argmin(), a.shape)　#函数将一维索引转换成对应维度坐标（多维索引）

Out[20]: (1, 2)

In [21]: a[np,unravel_index(a.argmin(), a.shape)]　#根据索引取值

Out[21]: 1

In [22]: arg0=a.argmin(axis=0)　#按列找最小值索引，返回的是一维索引，如何根据一维索引找最小值呢
arg0　#结果分析：返回的一维索引是 0 轴方向，那么最小值索引分别是，(arg0[0],0)、(arg0[1], 1)
#(arg0[2],2)，具体索引值是(0,0)、(1,1)、(1,2)
#最小索引对应的值：a[arg0[0]][0]、a[arg0[1]][1]、a[arg0[2]][2]

Out[22]: array([0, 1, 1], dtype=int64)

In [23]: np.unravel_index(a.argmin(axis=0), a.shape)　#根据上面分析，显然函数得不到正确的索引下标

Out[23]: (array([0, 0, 0], dtype=int64), array([0, 1, 1], dtype=int64))

In [24]: #那么，如何将某个维度极值的一维索引，转换成对应维度的多维索引呢？以轴axis=0为列
n,=a.shape[1:]　#取二维数组列值，即 1 轴索引个数
n

Out[24]: 3

In [25]: a[[0, 1, 1], np.arange(n)]　#[0, 1, 1]为一维索引极小值下标，使用花式索引调试一下

Out[25]: array([4, 3, 1])

In [26]: a[a.argmin(axis=0), np.arange(a.shape[1])]
#按axis=0（按列）取最小值索引，根据索引取各列的最小值

Out[26]: array([4, 3, 1])

In [27]: a.argmin(axis=1)　#按axis=1（按行）取最小值索引，思考如何根据一维索引获取对应值

Out[27]: array([0, 2], dtype=int64)

多维数组省略极值索引转换成正常极值索引图解过程如图 3-23 所示，一种情况不区分按轴取极值转换成正常极值索引，一种情况区分按轴取极值转换成正常极值索引，对应代码单元 19~27。

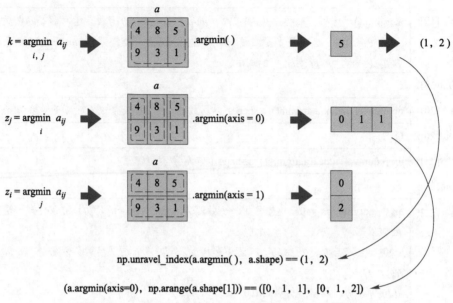

图 3-23　多维数组缺省极值索引转换成正常极值索引

3. 数组排序

In [28]:	arr=np.array([[6，2，7]，[3，6，2]，[4，3，2]]) arr
Out[28]:	array([[6, 2, 7], 　　　　[3, 6, 2], 　　　　[4, 3, 2]])
In [29]:	arr.sort()　*#numpy.sort()函数可以对数组进行排序，并返回排好序的数组，默认按最后一 个轴排序等价 arr.sort(axis=1)或 arr.sort(axis=-1)，axis=-1 表示按最后一个轴方向排序* arr
Out[29]:	array([[2, 6, 7], 　　　　[2, 3, 6], 　　　　[2, 3, 4]])
In [30]:	arr=np.array([[6，2，7]，[3，6，2]，[4，3，2]]) arr
Out[30]:	array([[6, 2, 7], 　　　　[3, 6, 2], 　　　　[4, 3, 2]])
In [31]:	arr.sort(0)　*#沿着编号为 0 的轴对元素排序，沿 0 轴移动排序。排序直接改变数据位置* arr
Out[31]:	array([[3, 2, 2], 　　　　[4, 3, 2], 　　　　[6, 6, 7]])

数组排序运算图解过程如图 3-24 所示，默认按最后轴排序，对应代码单元 28~31。

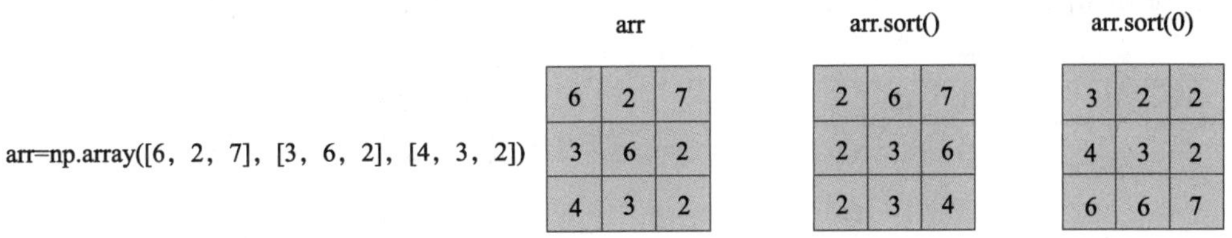

图 3-24 数组按轴排序运算

In [32]: arr=np.array([6, 2, 7])

arr.argsort() #argsort()函数用于将数组排序后，返回数组元素从小到大依次排序的所有元素索引

arr #一般按索引排序，最后根据索引取数据

Out[32]: array([6, 2, 7])

4. 检查数组元素

In [33]: arr=np.array([[1, -2, -7], [-3, 6, 2], [-4, 3, 2]])

In [34]: arr

Out[34]: array([[1, -2, -7],

[-3, 6, 2],

[-4, 3, 2]])

In [35]: np.any(arr>0) #arr 的所有元素是否有一个大于0，只要数组中有一个是 True，结果就是 True

Out[35]: True

In [36]: np.all(arr>0) #arr 的所有元素是否都大于0，只有数组中都是 True，结果才是 True

Out[36]: False

5. 唯一化及其他集合逻辑运算

In [37]: arr=np.array([12, 11, 34, 23, 12, 8, 11])

In [38]: np.unique(arr) #去除重复元素并排序，原数组不改变

Out[38]: array([8, 11, 12, 23, 34])

In [39]: np.inld(arr, [11, 12]) #inld()是用来判断集合 arr 内的元素是否在另外一个集合当中

Out[39]: array([True, True, False, False, True, False, True])

集合唯一化和元素判断运算图解过程如图 3-25 所示，对应代码单元 37~39。

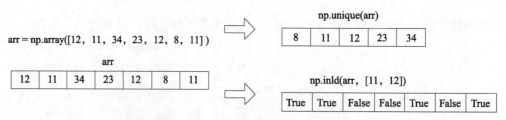

图 3-25 集合唯一化和元素判断运算

In [40]:
```
x=np.array([1, 2, 4, 5])
y=np.array([3, 4, 5])
np.intersectld(x, y)   #取交集
```

Out[40]: array([4, 5])

In [41]:
```
np.unionld(x, y)   #取并集
```

Out[41]: array([1, 2, 3, 4, 5])

In [42]:
```
np.setdiffld(x, y)   #取差集
```

Out[42]: array([1, 2])

6. 通用函数

NumPy 提供熟悉的数学函数，如 sin()、cos() 和 exp()，这些被称为通用函数。在 NumPy 中，这些函数在数组上按元素进行运算，产生数组作为输出。通用函数如下。

微课 3-14
多维数组的
数据处理与
运算（2）

微课 3-15
多维数组的数
据处理与运算
实践操作（2）

- 一元通用函数：接收 1 个数组参数。
- 二元通用函数：接收 2 个数组参数。

In [43]:
```
arr=np.array([4.0, 9.0, 16.0])
```

In [44]:
```
np.sqrt(arr)   #求平方根
```

Out[44]: array([2., 3., 4.])

In [45]:
```
np.abs(arr)   #求绝对值
```

Out[45]: array([4., 9., 16.])

In [46]:
```
#modf()函数是 Python 内建函数 div()和 mod()的向量化版本，返回一个浮点数组的小数
部分和整数部分
dec,whole=np.modf(np.random.randn(5)*10)
dec,whole
```

Out[46]: (array([0.59634967, 0.4204918, 0.42153028, −0.97079581, −0.79299598]),
array([22., 6., 1., −10., −4.]))

In [47]:
```
arr2=np.sqrt(arr,out=arr)   #out 参数接收函数返回的结果
arr
```

```
Out[47]:   array([2., 3., 4.])
In  [48]:   x=np.array([12, 9, 13, 15])
            y=np.array([0, 10, 4, 8])
In  [49]:   np.add(x, y)   #计算两个数组的和，等价x+y
Out[49]:   array([12, 19, 17, 23])
In  [50]:   np.multiply(x, y)   #计算两个数组的乘积，等价x*y
Out[50]:   array([0, 90, 52, 120])
In  [51]:   np.maximum(x, y)   #两个数组元素级最大值的比较，返回对应位置最大值
Out[51]:   array([12, 10, 13, 15])
In  [52]:   np.greater(x, y)   #执行元素级的比较操作
Out[52]:   array([True, False, True, True])
In  [53]:   np.divide(x, y)   #等价x/y
Out[53]:   array([inf, 0.9, 3.25, 1.875])
```

7. NumPy 中的 NaN 和 inf

nan(NAN,NaN)：not a number，表示不是一个数字，数据分析中，NaN 常被用于表示数据缺失值。

什么时候 NumPy 中会出现 NaN：当读取本地的文件为 float 时，如果有缺失，就会出现 NaN；当进行了一个不合适的计算时（如无穷大(inf)减去无穷大）也会出现 NaN。

inf(-inf,inf)：infinity，inf 表示正无穷大，-inf 表示负无穷大。

什么时候会出现 inf 包括（-inf，+inf）：如果一个数字除以 0，Python 中直接会报错，NumPy 中会出现一个 inf 或者-inf。

```
In  [54]:   a=np.array([[1,  np.nan,  np.inf],[np.nan, -np.inf, -0.25]])
            a
Out[54]:   array([[1.   ,  nan,  inf],
                   [nan,  -inf,  -0.25]])
In  [55]:   a.max()   #NaN 和任何值计算返回都是 NaN
Out[55]:   nan
In  [56]:   np.nanmax(a)
Out[56]:   inf
In  [57]:   t=np.isnan(a)   #判断是否含有 NaN，返回布尔数组
            t
Out[57]:   array([[False,  True,  False],
                   [True,  False,  False]])
```

In　[58]:
```
a2=np.array([[0.,  1.,   2.,   3.,   4.,   5.],
     [6.,  7.,  np.nan,  np.nan,  np.nan,  np.nan],
     [np.nan,   13.,  14., 15., 16., 17.],
     [18., np.nan, 20., 21., 22., 23.]])
```

In　[59]:
```
np.mean(a2)
```

Out[59]: nan

In　[60]:
```
avg=np.nanmean(a2)   #所有非空数据均值，二维数组常常需要计算列的均值，因为列的值是同一属性
avg   #help(np.nanmean)
```

Out[60]: 11.5

In　[61]:
```
t2=np.isnan(a2)
t2
```

Out[61]:
```
array([[False, False, False, False, False, False],
       [False, False, True, True, True, True],
       [True, False, False, False, False, False],
       [False, True, False, False, False, False]])
```

In　[62]:
```
#如果 avg 是每列去除 NaN 的均值，即 np.nanmean(a2,axis=0)，则不能直接赋值到 NaN 的位置
#因为 avg.shape!=a2[t2].shape。需要按列按行做循环，判断每个元素是 NaN，再用列均值赋值
a2[t2]=avg   #一个均值替换所有缺失值
```

In　[63]:
```
a2
```

Out[63]:
```
array([[0.,  1.,   2.,   3.,   4.,   5.],
       [6.,   7.,  11.5,   11.5,   11.5,   11.5],
       [11.5,   13.,   14.,   15.,   16.,   17.],
       [18.,   11.5,  20.,   21.,   22.,   23.]])
```

3.5.4　知识巩固

1. where 和 clip 函数

where 和 clip 函数相关知识请扫描二维码查看。

拓展阅读 3-5-1

2. 数组统计计算

数组常用统计运算表请扫描二维码查看。

拓展阅读 3-5-2

3. axis 参数理解

在 NumPy 中，axis 可以理解为数组的层级。例如 2 行 3 列的二维数组 a，数组的维数 ndim 是 2，即 axis 轴有 2 个，也就 2 个层级，分别是 axis=0 和 axis=1。a.shape 可以理解为在每个轴上的 size，a.shape[0] 是 0 轴长度，a.shape[1] 是 1 轴的长度，那么 i 轴索引范围是 0 到 a.shape[i]-1。

设 axis=i，则 NumPy 沿着第 i 个轴方向变化。例如 np.sum(a,axis=1)，索引发生变化的方向是数组的 1 轴，就是计算 a[0][0]+a[0][1]+a[0][2] 和 a[1][0]+a[1][1]+a[1][2]，也就是计算每行的和，0 轴索引相对不变，0 轴索引在变，axis 参数理解如图 3-26 所示。

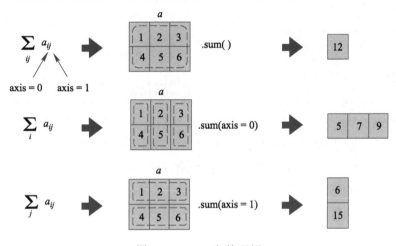

图 3-26 axis 参数理解

4. 数组集合运算

数组集合运算表请扫描二维码查看。

5. 通用函数

数组一元通用函数表请扫描二维码查看。
数组二元通用函数表请扫描二维码查看。

拓展阅读 3-5-3 拓展阅读 3-5-4

拓展阅读 3-5-5 拓展阅读 3-5-6

6. 线性代数模块函数

数组常用线性代数模块函数表请扫描二维码查看。

7. NaN 的注意点

数组 NaN 值运算注意点见表 3-4。

表 3-4 NaN 的注意点

编号	注意点	说 明
1	两个 NaN 是不相等的	In [2]: np.nan==np.nan Out[2]: False
2	np.nan!=np.nan	In [3]: np.nan!=np.nan Out[3]: True
3	利用以上特性，判断数组中 NaN 个数	In [4]: t=np.array([1,2,np.nan,np.nan]) In [5]: np.count_nonzero(t!=t) Out[5]: 2
4	如何判断 ndarray 对象中哪些元素是 NaN？通过 np.isnan(t)来判断，返回布尔数组。有了布尔数组作为索引，就可以把所有 NaN 替换掉	In [6]: np.isnan(t) Out[6]: array([False, False, True, True]) In [7]: t[np.isnan(t)]=0 In [8]: t Out[8]: array([1., 2., 0., 0.])
5	NaN 和任何值计算都为 NaN	In [9]: np.nan+0 Out[9]: nan
6	NaN 或者 inf 的类型是 float	In [10]: type(np.nan) Out[10]: float In [11]: type(np.inf) Out[11]: float

在一组数据中单纯地把 NaN 替换为 0，是否合适？会带来什么样的影响？例如，全部替换为 0 后，替换之前的平均值如果大于 0，替换之后的均值肯定会变小，所以更一般的方式是把缺失的数值替换为均值（中值）或者是直接删除有缺失值的一行。那么就会带来以下问题：

如何计算一组数据的中值或者是均值？对列、行做循环，逐个元素判断来计算。

如何删除有缺失数据的那一行（或列）？在 Pandas 中介绍。

在对 NumPy 数组求平均 np.mean()或者求数组中最大/最小值 np.max()/np.min()时，如果数组中有 NaN，此时求得的结果为 NaN。那么该如何忽略其中的 NaN 来计算呢？此时可以使用其他方法，如 np.nanmean()、np.median()、np.nanmax()、np.nanmin()等。

ndarry 缺失值填充列均值，并且不使用 np.nanmean()，如何处理呢？

```
def fill_ndarray(t):
  for i in range(t1.shape[1]): #遍历每一列（每一列中的 NaN 替换成该列的均值）
      temp_col = t1[:,i] #当前的一列
      nan_num = np.count_nonzero(temp_col != temp_col) #计算当前列 NaN 个数
      if nan_num != 0: #不为 0，说明当前这一列中有 NaN
          temp_not_nan_col = temp_col[temp_col == temp_col] #去掉 NaN 的列向量
          #选中当前为 NaN 的位置，把值赋值为不为 NaN 的均值
          temp_col[np.isnan(temp_col)] = temp_not_nan_col.mean() #列均值赋值
  return t
t = np.array([[ 0., 1., 2., 3., 4., 5.],
              [ 6., 7., np.nan, np.nan, np.nan, np.nan],
              [12., 13., 14., 15., 16., 17.],
```

```
              [18., 19., 20., 21., 22., 23.]])
t = fill_ndarray(t1) #将 NaN 替换成对应的均值
t
array([[ 0.,   1.,   2.,   3.,   4.,   5.],
       [ 6.,   7.,  12.,  13.,  14.,  15.],
       [12.,  13.,  14.,  15.,  16.,  17.],
       [18.,  19.,  20.,  21.,  22.,  23.]])
```

任务 3.6　多维数组的操作

PPT：任务 3.6
多维数组的
操作

3.6.1　任务描述

① 连接数组。

② 分隔数组。

③ 翻转数组。

④ 修改数组形状。

⑤ 添加与删除数组元素。

微课 **3-16**
多维数组的
操作

3.6.2　任务分析

在数据分析中，经常需要对数组形状变换、转置、对数据进行分隔、合并等操作，NumPy 提供了相应方法来实现这些操作，完成任务需要。

- 连接数组：concatenate()函数、stack()函数。
- 分隔数组：split()函数。
- 翻转数组：T 属性、transpose()函数、swapaxes()函数。
- 修改数组形状：reshape()函数。
- 数组元素的添加与删除：append()函数、insert()函数、delete()函数。

3.6.3　任务实现

1. 连接数组

concatenate：沿现有轴加入一系列数组，至于是想按行拼接还是按列拼接，可自行进行参数设置。

vstack：垂直堆栈数组（行方式）。

hstack：水平排列数组（列方式）。

微课 **3-17**
多维数组操作
实践

```
In  [1]:  import numpy as np
```

```
In  [2]:  a=np.array([[1, 2], [3, 4]])
          a
```
```
Out[2]:   array([[1, 2],
                 [3, 4]])
```

```
In  [3]:  b=np.array([[5, 6], [7, 8]])
          b
```
```
Out[3]:   array([[5, 6],
                 [7, 8]])
```

```
In  [4]:  np.concatenate((a, b)) #concatenate((a1, a2,···), axis=0)函数能够一次完成多个数组的拼接
          #其中 a1, a2,···是数组类型的参数，默认沿轴 0 连接两个数组，数组维度不变
```
```
Out[4]:   array([[1,2],
                 [3, 4],
                 [5, 6],
                 [7, 8]])
```

```
In  [5]:  np.concatenate((a, b),axis=1)   #沿轴 1 连接两个数组，数组维度不变
```
```
Out[5]:   array([[1, 2, 5, 6],
                 [3, 4, 7, 8]])
```

连接数组 concatenate 图解过程如图 3-27 所示，对应代码单元 2～5。

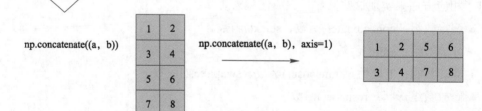

图 3-27 concatenate 运算

```
In  [6]:  #np.stack 的作用是沿新轴加入一系列数组
          #一是沿新轴，而这个新轴是哪个轴，需要自行指定，不指定的话，默认是 axis=0
          #二是加入数组，所以，运用这个方法时，新生成的数组会比用来进行拼接的原数组
          多一个维度
          np.stack((a, b), 0)  #沿新轴连接数组序列，沿轴 0 连接两个数组，二维->三维
```
```
Out[6]:   array([[[1, 2],
                  [3, 4]],

                 [[5, 6],
                  [7, 8]]])
```

```
In  [7]:  np.stack((a,b), 1)  #沿新轴连接数组序列，沿轴 1 连接两个数组
Out[7]:  array([[[1, 2],
              [5, 6]],

             [[3, 4],
              [7, 8]]])
In  [8]:  np.stack((a,b), -1)  #沿新轴连接数组序列，-1 表示沿最后一个轴（这里是轴 2）连
              接两个数组
Out[8]:  array([[[1, 5],
              [2, 6]],

             [[3, 7],
              [4, 8]]])
In  [9]:  #np.hstack() 和 np.vstack() 函数只堆叠矩阵或只堆叠向量，堆叠后的维度没有改变
         np.hstack((a, b))  #水平堆叠数组
Out[9]:  array([[1, 2, 5, 6],
              [3, 4, 7, 8]])
In  [10]:  np.vstack((a,b))  #垂直堆叠数组，堆叠后的维度没有改变
Out[10]:  array([[1, 2],
              [3, 4],
              [5, 6],
              [7, 8]])
```

堆叠数组 hstack 和 vstack 运算的图解过程如图 3-28 所示，对应代码单元 9 和 10。

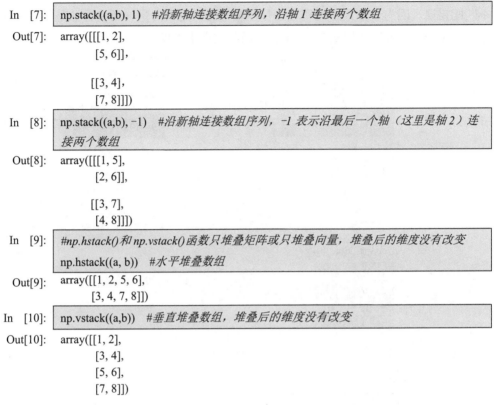

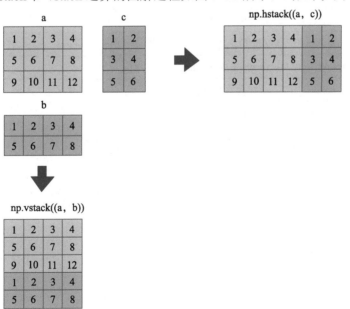

图 3-28　hstack 和 vstack 运算 1

当涉及一维数组与矩阵之间的混合堆叠时，vstack 可以正常工作，hstack 会出现 shape

不匹配错误。因为一维数组被解释为行向量，而不是列向量。解决方法是将其转换为列向量，再水平堆叠或者使用 column_stack()函数实现水平堆叠，如图 3-29 所示。

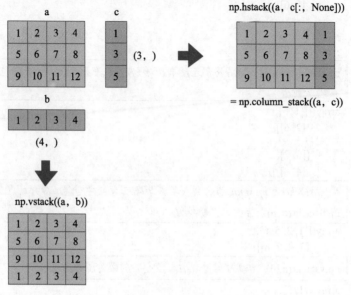

图 3-29　hstack 和 vstack 运算 2

2. 分隔数组

In [11]:	a=np.arange(9) a
Out[11]:	array([0, 1, 2, 3, 4, 5, 6, 7, 8])
In [12]:	np.split(a,3)　#将数组分为 3 个大小相等的子数组
Out[12]:	[array([0, 1, 2]), array([3, 4, 5]), array([6, 7, 8])]
In [13]:	np.split(a, [4, 7])　#将数组从索引位置为 4 的地方与索引位置为 7 的地方分为 3 个子数组
Out[13]:	[array([0, 1, 2, 3]), array([4, 5, 6]), array([7, 8])]

分隔一维数组运算图解过程如图 3-30 所示，对应代码单元 11～13。

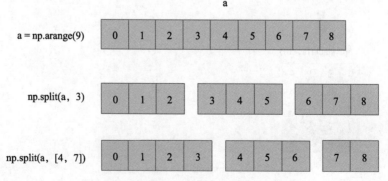

图 3-30　使用 split()分隔一维数组运算 1

In [14]: a=np.arange(16).reshape(4，4)
a

Out[14]: array([[0, 1, 2, 3],
[4, 5, 6, 7],
[8, 9, 10, 11],
[12, 13, 14, 15]])

In [15]: np.split(a, 2)　#沿水平方向（0 轴）分隔，默认 0 轴
#axis 为 0 时在水平方向分隔，axis 为 1 时在垂直方向分隔

Out[15]: [array([[0, 1, 2, 3],
[4, 5, 6, 7]]), array([[8, 9, 10, 11],
[12, 13, 14, 15]])]

In [16]: np.split(a, 2, 1)　#沿垂直方向（1 轴）分隔

Out[16]: [array([[0, 1],
[4, 5],
[8, 9],
[12, 13]]), array([[2, 3],
[6, 7],
[10, 11],
[14, 15]])]

分隔二维数组运算图解过程如图 3-31 所示，对应代码单元 14～16。

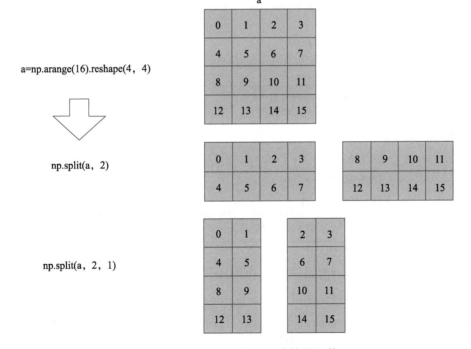

图 3-31　使用 split()分隔二维数组运算 2

In　[17]: harr=np.floor(10*np.random.random((2, 6))) #*floor 取下界，random 生成[0，1]之间的*
浮点数
harr

Out[17]: array([[1., 9., 7., 1., 9., 7.],
　　　　　　[1., 1., 7., 3., 4., 5.]])

In　[18]: np.hsplit(harr, 3)　　#*将数组沿水平方向分为3 个大小相等的子数组*

Out[18]: [array([[1., 9.],
　　　　　　[1., 1.]]),array([[7., 1.],
　　　　　　[7., 3.]]),array([[9., 7.],
　　　　　　[4., 5.]])]

使用 hsplit()分隔数组运算图解过程如图 3-32 所示，对应代码单元 17～18。

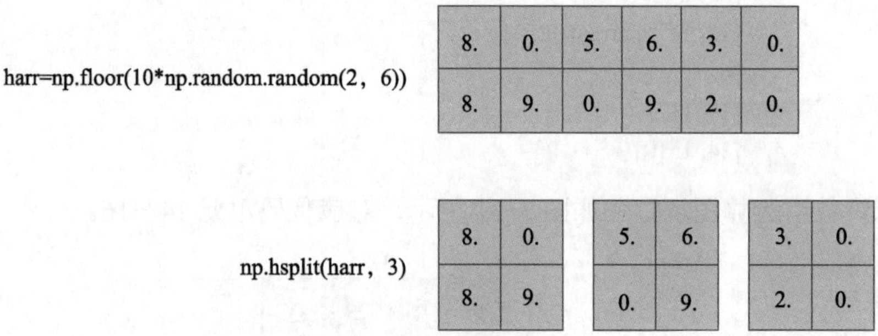

harr=np.floor(10*np.random.random(2，6))

np.hsplit(harr，3)

图 3-32　使用 hsplit()分隔数组运算

In　[19]: a=np.arange(16).reshape (4, 4)
a

Out[19]: array([[0, 1, 2, 3],
　　　　　　[4, 5, 6, 7],
　　　　　　[8, 9, 10, 11],
　　　　　　[12, 13, 14, 15]])

In　[20]: np.vsplit(a, 2)　#*将数组沿垂直方向分为两个大小相等的子数组*

Out[20]: [array([[0, 1, 2, 3],
　　　　　　[4, 5, 6, 7]]),array([[8, 9, 10, 11],
　　　　　　[12, 13, 14, 15]])]

使用 vsplit()分隔数组运算图解过程如图 3-33 所示，对应代码单元 19～20。

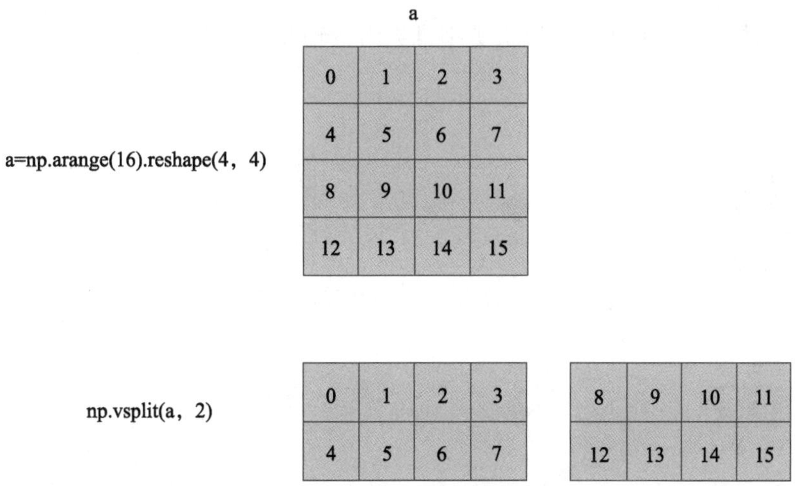

a

a=np.arange(16).reshape(4，4)

np.vsplit(a，2)

图 3-33　使用 vsplit()分隔数组运算

3. 翻转数组

```
In [21]: a=np.array([[1, 2, 3],[4, 5, 6]])
         a.T  #使用 T 属性对数组进行转置，二维数组是行列交换，arr2d[i][j] —>arr2d[j][i]
Out[21]: array([[1, 4],
                [2, 5],
                [3, 6]])
In [22]: b=np.array([[1, 2, 3]])
         b.shape
Out[22]: (1, 3)
In [23]: b.T  #二维数组只有一行转置
Out[23]: array([[1],
                [2],
                [3]])
In [24]: b.T.shape
Out[24]: (3, 1)
In [25]: c=np.array([1, 2, 3])
         c.shape
Out[25]: (3,)
In [26]: c.T  #一维数组转置，c[i]-->c[i]
Out[26]: array([1, 2, 3])
```

数组 T 运算图解过程如图 3-34 所示，对于二维数组 0 轴顺时针旋转到 1 轴，对于一维数组 0 轴顺时针旋转到 0 轴，对于更高维数组按轴顺时针旋转一个维度，对应代码单元 21～26。

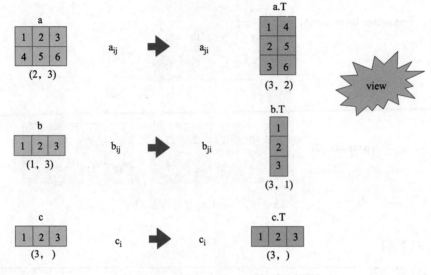

图 3-34　数组 T 运算

调试以下语句，分析结果。

a.dot(b)，错误，要求 a 的列数和 b 的行数一致，shapes (2,3) and (1,3) not aligned: 3 (dim 1) != 1 (dim 0)；
a.dot(b.T)，矩阵乘积，(2,3)*(3,1)　-->(2,1)；
a.dot(c)，二维数组*一维向量，(2,3)*(3,)-->(2,)；

默认情况下，一维数组在二维操作中被视为行向量。因此，将矩阵 dot 行向量时，结果是一维。

三维数组转置，arr[0][1][2] == arr.T[2][1][0]，a[i][j][k]-->a.T[k][j][i]。

```
In  [27]:   arr=np.arange(16).reshape((2, 2, 4))
            arr
Out[27]:    array([[[0, 1, 2, 3],
                   [4, 5, 6, 7]],

                  [[8, 9, 10, 11],
                   [12, 13, 14, 15]]])
```

```
In  [28]:   arr.transpose(1, 2, 0)   #transpose()方法对换数组的维度，1 轴-->0 轴，2 轴-->1 轴，0
            轴-->2 轴
            #参数是轴，arr[i][j][k] -->arr.transpose(1, 2, 0)[j][k][i]
Out[28]:    array([[[0, 8],
                   [1, 9],
```

```
          [2, 10],
          [3, 11]],

         [[4, 12],
          [5, 13],
          [6, 14],
          [7, 15]]])
```

In [29]:   `arr.swapaxes(1, 0)`　#对换数组的两个轴，arr[i][j][k]-->arr.swapaxes(1, 0)[j][i][k]
　　　　　　#swapaxes()函数接收一对轴编号作为参数，而transpose()接收的是含所有轴编号的元组
　　　　　　#这里 arr.swapaxes(1, 0)==arr.transpose(1, 0, 2)

Out[29]:　`array([[[0, 1, 2, 3],`
　　　　　　`　　　 [8, 9, 10, 11]],`

　　　　　　`　　　 [[4, 5, 6, 7],`
　　　　　　`　　　 [12, 13, 14, 15]]])`

4. 修改数组形状

In [30]:　`a=np.arange(1, 7)`
　　　　　　`a.shape`

Out[30]:　`(6,)`

In [31]:　`a.reshape(1, -1)`　#不改变数据的条件下修改形状，-1 表示自动计算，在 1 轴位置自动
　　　　　　计算长度
　　　　　　#a.reshape(1, -1)==a[None,:], None 表示添加一个轴
　　　　　　#a[None,:]==a[np.newaxis,:],np.newaxis 等价 None

Out[31]:　`array([[1, 2, 3, 4, 5, 6]])`

In [32]:　`a.reshape(1, -1).shape`

Out[32]:　`(1, 6)`

In [33]:　`a.reshape(-1, 1)`　#1 轴的长度是 1，0 轴长度自动计算

Out[33]:　`array([[1],`
　　　　　　`　　　 [2],`
　　　　　　`　　　 [3],`
　　　　　　`　　　 [4],`
　　　　　　`　　　 [5],`
　　　　　　`　　　 [6]])`

In [34]:　`a.reshape(-1, 1).shape`

Out[34]:　`(6, 1)`

In [35]:　`a.reshape(2, 3)`　#a 数组变成 2 行 3 列，a.reshape(2, 3)==a.reshape(2, -1)
　　　　　　`a.reshape(2, -1)`

Out[35]:	array([[1, 2, 3],
	[4, 5, 6]])

In [36]:	#视图和副本,副本是独立一份,视图是对原数据的引用
	a.reshape(2, 3).copy() [0][0]=0
	a

Out[36]:	array([1, 2, 3, 4, 5, 6])

In [37]:	a.reshape(2, 3) [0][0]=0
	a

Out[37]:	array([0, 2, 3, 4, 5, 6])

数组 reshape 运算图解过程如图 3-35 所示,a.reshape(1,-1)表示将数组 a 变换成 1 行,列数自动计算,计算方式为 a.siez/1,None 表示添加一个新轴,轴长度为 1,操作后数组本身不改变,对应代码单元 30~37。

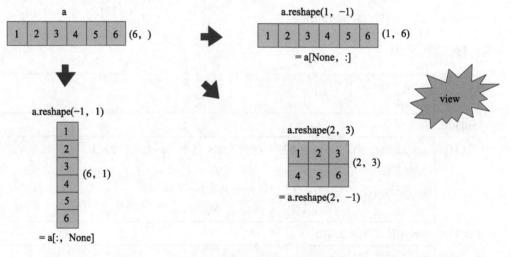

图 3-35 数组 reshape 运算

In [38]:	b=np.arange(1, 7).reshape(3, 2) #将形状修改成(3, 2)
	b

Out[38]:	array([[1, 2],
	[3, 4],
	[5, 6]])

In [39]:	b.flatten() #默认按行拉平数组,返回一份数组副本,对副本所做的修改不会影响原始数组

Out[39]:	array([1, 2, 3, 4, 5, 6])

In [40]:	b.ravel() #拉平多维数组为一维,返回视图,对数据更改时会影响原来的数组

```
Out[40]:   array([1, 2, 3, 4, 5, 6])
```

```
In  [41]:   b.reshape(-1)   #拉平多维数组为一维，和 ravel()、flatter() 一样都可以将多维数组降至一维
            b
```

```
Out[41]:   array([[1, 2],
                  [3, 4],
                  [5, 6]])
```

```
In  [42]:   #expand_dims(arr,axis) 函数通过在指定位置插入新的轴来扩展数组形状
            np.expand_dims(b,axis=0)   #在轴 0 位置插入新轴
```

```
Out[42]:   array([[[1, 2],
                   [3, 4],
                   [5, 6]]])
```

```
In  [43]:   np.expand_dims(b,axis=1)   #在轴 1 位置插入新轴
```

```
Out[43]:   array([[[1, 2]],
                  [[3, 4]],
                  [[5, 6]]])
```

5. 数组元素的添加与删除

```
In  [44]:   a=np.array([[1, 2, 3], [4, 5, 6]])
            a
```

```
Out[44]:   array([[1, 2, 3],
                  [4, 5, 6]])
```

```
In  [45]:   b=np.resize(a, (3, 2))   #矩阵操作经常需要用到改变矩阵的大小，resize() 返回指定形状
            的新数组
            b
```

```
Out[45]:   array([[1, 2],
                  [3, 4]
                  [5, 6]])
```

```
In  [46]:   np.resize(b, (3, 3))   #将数组的形状修改成（3, 3）
            #resize 小于原尺寸；按照原数据从左往右顺序，从上往下，Z 字型填充
```

```
Out[46]:   array([[1, 2, 3],
                  [4, 5, 6],
                  [1, 2, 3]])
```

```
In  [47]:   np.append(a, [7, 8, 9])   #向数组添加元素，返回一维数组
```

```
Out[47]:   array([1, 2, 3, 4, 5, 6, 7, 8, 9])
```

```
In  [48]:   np.append(a, [[7, 8, 9]], axis=0)   #沿轴 0 添加元素
```

```
Out[48]:   array([[1, 2, 3],
                  [4, 5, 6],
                  [7, 8, 9]])
```

In [49]: np.append(a, [[5, 5, 5], [7, 8, 9]], axis=1) #沿轴 1 添加元素

Out[49]: array([[1, 2, 3, 5, 5, 5],
         [4, 5, 6, 7, 8, 9]])

In [50]: a=np.array([[1, 2], [3, 4], [5, 6]])
         a

Out[50]: array([[1, 2],
         [3, 4],
         [5, 6]])

In [51]: np.insert(a,3, [11, 12]) #未传递 Axis 参数，在插入之前输入数组会被展开

Out[51]: array([1, 2, 3, 11, 12, 4, 5, 6])

In [52]: #传递了 Axis 参数，会广播值数组来配输入数组。
         np.insert(a,1, [11],axis=0) #[11]插入到第一行，沿轴 0 广播

Out[52]: array([[1, 2],
         [11, 11],
         [3, 4],
         [5, 6]])

In [53]: np.insert(a, 1, 11, axis=1) #沿轴 1 广播，11 插入到第一列

Out[53]: array([[1, 11, 2],
         [3, 11, 4],
         [5, 11, 6]])

In [54]: a=np.arange(12).reshape(3, 4)
         a

Out[54]: array([[0, 1, 2, 3],
         [4, 5, 6, 7],
         [8, 9, 10, 11]])

In [55]: np.delete(a, 5) #未传递 Axis 参数，在删除之前输入数组会被展开

Out[55]: array([0, 1, 2, 3, 4, 6, 7, 8, 9, 10, 11])

In [56]: np.delete(a, 1, axis=1) #删除第 1 列

Out[56]: array([[0, 2, 3],
         [4, 6, 7],
         [8, 10, 11]])

3.6.4 知识巩固

1. 连接数组

连接数组相关知识请扫描二维码查看。

2. 分隔数组

分隔数组相关知识请扫描二维码查看。

拓展阅读 3-6-1   拓展阅读 3-6-2

3. 翻转数组

翻转数组相关知识请扫描二维码查看。

4. 修改数组形状

修改数组形状相关知识请扫描二维码查看。

5. 数组元素的添加与删除

数组元素的添加与删除相关知识请扫描二维码查看。

拓展阅读 3-6-3

拓展阅读 3-6-4

拓展阅读 3-6-5

任务 3.7　多维数组存取

PPT：任务 3.7
多维数组存取

3.7.1　任务描述

① 从文件中读取数据到多维数组和将多维数组存储到文件。
② 按需提取并分类数据。

微课 3-18
多维数组存取

3.7.2　任务分析

NumPy 可以读写磁盘上的文本数据或二进制数据。NumPy 为 ndarray 对象引入了一个简单的文件格式 npy。npy 文件用于存储重建 ndarray 所需的数据和其他信息。

在 NumPy 中，可以通过 save() 函数将数组以二进制格式保存文件，load() 函数将数组以二进制格式读取文件。

savetxt() 函数将数组以文本或 CSV 格式保存文件，loadtxt() 函数将数组以文本或 CSV 格式读取文件。

微课 3-19
多维数组存取
实践操作

3.7.3　任务实现

多维数组存取任务实现请扫描二维码查看。

拓展阅读 3-7-1

3.7.3　知识巩固

1. NumPy 特有 npy 格式二进制文件存取

NumPy 特有 npy 格式二进制文件存取相关知识请扫描二维码查看。

拓展阅读 3-7-2

2. 二进制文件存取

二进制文件存取相关知识请扫描二维码查看。

3. 文本文件读写

文本文件读写相关知识请扫描二维码查看。

拓展阅读 3-7-3　　　拓展阅读 3-7-4

任务 3.8　标准差计算

PPT：任务 3.8
标准差计算

3.8.1　任务描述

计算标准差。

3.8.2　任务分析

简单而言，标准差是一组数据平均值分散程度的一种度量。一个较大的标准差，代表大部分数值和其平均值之间差异较大；一个较小的标准差，代表这些数值较接近平均值。例如，两组数的集合{0,5,9,14}和{5,6,8,9}，其平均值都是 7，但第 2 个集合具有较小的标准差。

平均值：

$$\overline{x} = \frac{1}{N}\sum_{i=1}^{N} x_i$$

标准差：

$$\sigma = \sqrt{\frac{1}{N}\sum_{i=1}^{N}(x_i - \overline{x})^2}$$

使用 NumPy 的数组编程计算标准差。

3.8.3　任务实现

标准差计算任务实现请扫描二维码查看。

拓展阅读 3-8-1

3.8.4　知识巩固

数组编程的高效

NumPy 本身并没有提供高级的数据分析功能，但是理解 NumPy 数组以及面向数组的运算将有助于用户更加高效地使用依赖 NumPy 的 Python 科学计算库。高效指运算速度快，代码表达简洁。

小结

本项目介绍了 NumPy 的核心内容，是本教材中其他内容的基础。NumPy 是高性能科学计算和数据分析的基础包。NumPy 重要的一个特点是其 N 维数组对象，该对象是一个快速而灵活的大数据集容器，其为大数据集的高效处理和统计提供了底层实现。

对于想从事数据分析的专业人员而言，掌握 NumPy 至关重要。Pandas 是以 NumPy 为基础，吸收了 NumPy 的基础概念并进行了扩展，更适合数据分析。机器学习库也是以 NumPy 库为基础进行开发的。

练习

文本：参考答案

一、填空题

1．NumPy 的主要对象是同构_____，它是一个元素表（通常是数字），所有类型都相同，由非负整数元组索引。在 NumPy 中维度称为轴，轴的个数称为秩。

2．如果 ndarray.ndim 执行结果为 3，则表示创建的是_____维数组。

3．数组运算分为_____、_____、_____。

4．ndarray 对象的数据类型通过_____方法进行转换。

5．NumPy的索引的种类分为_____、_____、_____、_____。

二、选择题

1．下面代码中，创建一个 2 行 3 列数组的是（　　　）。

 A．arr = np.array([1, 2, 3])

 B．arr = np.array([[1, 2, 3], [4, 5, 6]])

 C．arr = np.array([[1, 2], [3, 4]])

 D．np.ones((3, 2))

2．请阅读下面一段程序：

```
import numpy as np
arr=np.array([[1, 2, 3], [4, 5, 6], [7, 8, 9]])
print(arr[1, :1])
```

执行上述程序后，最终输出的结果为（　　　）。

 A．[4]   B．[5]   C．[4, 5]   D．[2, 5]

3．请阅读下面一段程序：

```
arr1=np.arange(6).reshape(1, 2, 3)
print(arr1.transpose(2, 0, 1))
```

执行上述程序后，最终输出的结果为（　　）。

   A．[[[2 5]][[0 3]][[1 4]]]　　　　　B．[[[1 4]][[0 3]][[2 5]]]

   C．[[[0 3]][[1 4]][[2 5]]]　　　　　D．[[[0][3]][[1][4]][[2][5]]]

4．请阅读下面一段程序：

```
import numpy as np
arr2d=np.array([[1, 2, 3], [4, 5, 6], [7, 8, 9]])
arr2d[0:2, 0:2]
```

执行上述程序后，最终输出的结果为（　　）。

   A．[[2, 3], [5, 6]]　　　　　B．[[4, 5], [7, 8]]

   C．[[1, 2], [4, 5]]　　　　　D．[[5, 6], [8, 9]]

5．请阅读下面一段程序：

```
import numpy as np
a = np.array([1, 2, 3, 4])
b = np.array([10, 20, 30, 40])
c = a * b
print (c)
```

执行上述程序后，最终输出的结果为（　　）。

   A．[10　40　90　160]　　　　　B．[10　20　30　40]

   C．[40　90　10　160]　　　　　D．[10　90　40　160]

三、简答题

1．数组广播时应遵循哪些规则？

2．请简述索引和切片的作用。

四、程序题

1．请使用两种方法将数组 array（[1, 12, 11, 17, 13, 18, 12, 14]）中的偶数元素取出来。

2．计算均方误差 MSE，MSE 是预测值与真实值的差值的平方然后求和平均，MSE 通常作为回归问题的损失函数。

$\hat{y}$：预测值，这里使用随机函数 random.rand()生成。

y：真实值，这里使用随机函数 random.rand()生成。

$$MSE = \frac{1}{n}\sum_{i=1}^{n}(\hat{y}_i - y_i)^2$$

项目4　Pandas的数据对象构建和数据运算

项目描述

使用 Pandas 进行数据分析，首先要构建数据对象、通过索引操作数据对象，进行数据运算，对应多维度问题，还会涉及层次化索引操作。

项目分析

NumPy 是 Python 中科学计算的基础包，主要用于对多维数组执行计算，帮助人们轻松进行数值计算。这类数值计算广泛用于机器学习模型、图像处理和计算机图形学、数学任务。NumPy 能够处理数值型数据，但是这还不够。很多时候，数据除了数值之外，还有字符串、时间序列等。Pandas 基于 NumPy，除了处理数值之外，还能够帮助人们处理其他类型的数据。

Pandas 是 Python的核心数据分析支持库，提供了快速、灵活、明确的数据结构，旨在简单、直观地处理关系型、标记型数据。Pandas 的目标是成为 Python 数据分析实践与实战的必备高级工具，其长远目标是成为最强大、最灵活、可以支持任何语言的开源数据分析工具。

Pandas 适用于处理以下类型的数据：

- 与 SQL 或 Excel 表类似的，含异构列的表格数据。
- 有序和无序（非固定频率）的时间序列数据。
- 带行列标签的矩阵数据，包括同构或异构型数据。
- 任意其他形式的观测、统计数据集，数据转入 Pandas 数据结构时不需要事先标记。

　　Pandas 的主要数据结构是 Series（一维数据）与 DataFrame（二维数据），数据分析相关的所有事务都围绕这两种数据结构进行。Pandas 基于 NumPy 开发，可以与其他第三方科学计算支持库完美集成。

　　Pandas 处理数据的主要功能包括：

- 处理浮点与非浮点数据里的缺失数据，表示为 NaN。
- 大小可变：插入或删除 DataFrame 等多维对象的列。
- 自动、显式数据对齐：显式地将对象与一组标签对齐，也可以忽略标签，在 Series、DataFrame 计算时自动与数据对齐。
- 强大、灵活的分组（group by）功能：拆分-应用-组合数据集，聚合、转换数据。
- 把 Python 和 NumPy 数据结构中不规则、不同索引的数据轻松转换为 DataFrame 对象。
- 基于智能标签，对大型数据集进行切片、花式索引、子集分解等操作。
- 直观地合并（merge）、连接（join）数据集。
- 灵活地重塑（reshape）、透视（pivot）数据集。
- 轴支持结构化标签：一个刻度支持多个标签。
- 成熟的 IO 工具：读取文本文件（CSV 等支持分隔符的文件）、Excel 文件、数据库等来源的数据，利用超快的 HDF5 格式保存、加载数据。
- 时间序列：支持日期范围生成、频率转换、移动窗口统计、移动窗口线性回归、日期位移等时间序列功能。

　　本项目是 Pandas 数据分析的基础内容。

项目目标

- 解释 Series 和 DataFrame 结构。
- 实验构建 Series 和 DataFrame 数据对象和查看对象属性。
- 解释操作索引的基本结构，包括[ ]、.、iloc[ ]、iloc[,]、loc[ ]、loc[,]。
- 实验使用位置索引和标签索引操作 Series。
- 实验使用位置索引和标签索引操作 DataFrame。
- 识别函数式索引操作 Series 和 DataFrame。
- 实验查询方法查询数据，包括 df.query、df.where、s.where、df.isin、s.isin。
- 说明层次化索引。
- 实验层次化索引操作 Series 和 DataFrame 数据。

任务 4.1 构建数据对象

4.1.1 任务描述

① 构建 Series 对象并查看其属性。

② 构建 DataFrame 对象并查看其属性。

③ 查看 DataFrame 和 Series 关系。

④ 构建 Index 对象。

⑤ 画图说明Series对象和 DataFrame 对象结构。

微课 4-1
构建数据对象

4.1.2 任务分析

使用 Pandas 做数据分析，首先要认识其主要数据结构Series与 DataFrame，并会创建相应对象，然后才能围绕这两个数据结构对数据进行分析。

Series 是带标签的一维数组，可存储整数、浮点数、字符串、Python 对象等类型的数据。轴标签统称为索引。调用 pd.Series() 函数即可创建 Series：

```
s = pd.Series(data, index=index,dtype=None)
```

- data 支持的数据类型：Python 字典、一维数组、标量值。
- index：轴标签列表。
- dtype：用来指定元素的数据类型，如果为空，自动推断类型。

Series 主要由一组数据和与之相关的索引两部分构成，索引可以是名字，默认是数据的下标。而 NumPy 的多维数组一般是同质的，数组的索引只能是下标。Series 对象是一维数组结构，操作上与 NumPy 中的一维数组 ndarray 类似。

DataFrame 是由多种类型的列构成的二维标签数据结构，类似于 Excel、SQL 表，或 Series 对象构成的字典。调用 pd.DataFrame 函数即可创建 DataFrame：

```
df=pd. DataFrame(data=None, index=None, columns=None, dtype=None)
```

- data 支持的数据类型：一维 ndarray、列表、字典、Series 字典、二维 numpy.ndarray、Series、DataFrame。
- index：行标签。如果没有传入索引参数，默认会自动创建一个从 0～N 的整数索引。
- columns：列标签。如果没有传入索引参数，默认会自动创建一个从 0～N 的整数索引。
- dtype：用来指定元素的数据类型，如果为空，自动推断类型。

DataFrame 类似 NumPy 的二维数组，与二维数组的主要区别是，DataFrame 既有行索引，也有列索引，不仅可以通过位置（下标）索引访问数据，还可以通过标签（名称）索引访问数据，也就是说，可以通过行索引标签名和列索引标签名访问数据，而二维数组只能通过行位置索引和列位置索引访问数据。另外一个主要区别是，DataFrame 的各列可以是不同的数据类型，而二维数组各列是相同的数值型。

另外一种数据结构是 Index，其负责管理轴标签和其他元数据。索引对象被整合到 Series 和 DataFrame 结构中，使 Series 和 DataFrame 两种数据结构易于被操作。

4.1.3　任务实现

微课 4-2
构建数据对象
实践操作

1. 构建 Series 对象

（1）一维 ndarray 数组构建 Series 对象

data 是一维数组时，index 长度必须与 data 长度一致。没有指定 index 参数时，创建数值型索引，即[0, ..., len(data) - 1]。index 值允许重复。

```
In [1]: import numpy as np
        import pandas as pd

In [2]: s=pd.Series(np.random.randn(5), index=['a', 'b', 'c', 'd', 'e'])
        s
Out[2]: a   -0.076875
        b   -1.042353
        c    0.230604
        d    0.998437
        e    0.443552
        dtype: float64

In [3]: pd.Series(np.random.randint(0, 5, size=5))
        #没有定义 index，则从 0 开始自动分配的下标，下标同时也就是标签
Out[3]: 0    1
        1    4
        2    0
        3    1
        4    2
        dtype: int32
```

（2）用字典创建 Series 对象

键值对中的"键"是用来作为 Series 对象的索引，键值对中的"值"作为 Series 对象的数据。

```
In [4]: d={'b': 1,  'a': 0,  'c': 2}
        pd.Series(d)
```

```
Out[4]:    b   1
           a   0
           c   2
           dtype: int64
```

```
In   [5]:    #如果设置了 index 参数，则按索引标签提取 data 里对应的值
             #Pandas 用 NaN（Not a Number）表示缺失数据
             pd.Series(d, index=['c',  'd',  'a'])
```

```
Out[5]:    c   2.0
           d   NaN
           a   0.0
           dtype: float64
```

（3）用标量值创建 Series 对象

Series 按索引长度重复该标量值。

```
In   [6]:    pd.Series(5., index=['a', 'b', 'c', 'd', 'e', 'b' ])
```

```
Out[6]:    a   5.0
           b   5.0
           c   5.0
           d   5.0
           e   5.0
           b   5.0
           dtype: float64
```

（4）用列表创建 Series 对象

```
In   [7]:    ss=pd.Series([1, 3, 2, 3, 1, 6, 8])
             ss
```

```
Out[7]:    0   1
           1   3
           2   2
           3   3
           4   1
           5   6
           6   8
           dtype: int64
```

2. 查看 Series 对象属性

```
In   [8]:    s.shape   #对象的形状，表明是一维数组，5 个元素
```

```
Out[8]:    (5,)
```

```
In   [9]:    s.dtype   #元素类型是 float64
```

```
Out[9]:    dtype('float64')
In  [10]:  s.values   #Series 数据部分, 是一维数组
Out[10]:   array([0.03781643, -0.29006308, 0.2865817, -1.18378235, -0.44353356])
In  [11]:  s.index   #Series 索引部分, 是一维数组
Out[11]:   Index(['a', 'b', 'c', 'd', 'e'], dtype='object')
In  [12]:  s.name='randn'   #Series 对象名称
           s.name
Out[12]:   'randn'
In  [13]:  s.index.name ='sss'   #索引对象名称
           s
Out[13]:   sss
           a   0.089658
           b   0.033771
           c  -0.520918
           d  -0.395000
           e  -0.790655
           Name: randn, dtype: float64
```

Series 对象结构见表 4-1, 包括行索引 index 和数据 values, 两者都是一维数组, 可以通过行索引访问数据。

表 4-1　Series 对象结构

index	values
a	0.089568
b	0.033771
c	-0.520918
d	-0.395000
e	-0.790655

3. 构建 DataFrame 对象

（1）用 Series 字典或字典创建 DataFrame

生成的索引是每个 Series 索引的并集, 先把嵌套字典转换为 Series。如果没有指定列, DataFrame 的列就是字典键的有序列表。index 和 columns 属性分别用于访问行、列标签, 指定列与数据字典一起传递时, 传递的列会覆盖字典的键。

```
In  [14]:  #从每列是一个 Series 角度创建
           d={'one':pd.Series([1., 2., 3.], index=['a', 'b', 'c']),
```

```
'two':pd.Series([1., 2., 3., 4.], index=['a', 'b', 'c', 'd'])}
df=pd.DataFrame(d)
df
```

Out[14]:

	one	two
a	1.0	1.0
b	2.0	2.0
c	3.0	3.0
d	NaN	4.0

In [15]:

```
#重新指定行、列索引会覆盖旧的行、列索引
pd.DataFrame(d, index=['d', 'b', 'a'], columns=['two', 'three'])   #指定列覆盖键
```

Out[15]:

	two	three
d	4.0	NaN
b	2.0	NaN
a	1.0	NaN

（2）用一维数组字典创建 DataFrame

一维数组的长度必须相同。如果传递了索引参数，index 的长度必须与数组一致。如果没有传递索引参数，生成的结果是 range(n)，n 为数组长度。

In [16]:

```
#从每列是一个 Series 角度创建
d={'one': [1., 2., 3., 4.], 'two': [4., 3., 2., 1.]}
pd.DataFrame(d, index=['a', 'b', 'c', 'd'])
```

Out[16]:

	one	two
a	1.0	4.0
b	2.0	3.0
c	3.0	2.0
d	4.0	1.0

（3）用列表字典生成 DataFrame

In [17]:

```
#从每行是一个 Series 角度创建
d=[{'a': 1, 'b': 2}, {'a':5, 'b':10, 'c':20}]
pd.DataFrame(d, index=['first', 'second'])
```

Out[17]:

	a	b	c
first	1	2	NaN
second	5	10	20.0

（4）用多维数组创建 DataFrame

In [18]:

```
#从 df 的结构组成角度创建，结构由 values 和标签索引组成，df.values 是二维数组
score=np.random.randint(30, 100, (6, 5))   #生成 6 名同学，5 门功课的数据
score_df=pd.DataFrame(score)
score_df
```

Out[18]:

	0	1	2	3	4
0	91	84	35	97	52
1	93	30	99	57	65
2	89	36	59	93	67
3	71	99	78	49	71
4	47	47	74	90	61
5	30	87	90	74	33

In [19]:
```
#从 df 的结构组成修改行、列标签
lessons=["语文", "数学", "英语", "政治", "体育"]   #构造列索引序列
students=['学生'+str(i) for i in range(score.shape[0])]   #构造行索引序列
df=pd.DataFrame(score, columns=lessons, index=students)
df
```

Out[19]:

	语文	数学	英语	政治	体育
学生 0	91	84	35	97	52
学生 1	93	30	99	57	65
学生 2	89	36	59	93	67
学生 3	71	99	78	49	71
学生 4	47	47	74	90	61
学生 5	30	87	90	74	33

4. 查看 DataFrame 对象属性

In [20]:
```
df.shape #6 行 5 列，对象的轴维度
```
Out[20]: (6, 5)

In [21]:
```
df.index   #DataFrame 的行索引列表
```
Out[21]: Index(['学生 0', '学生 1', '学生 2', '学生 3', '学生 4', '学生 5'], dtype='object')

In [22]:
```
df.columns   #DataFrame 的列索引列表
```
Out[22]: Index(['语文', '数学', '英语', '政治', '体育'], dtype='object')

In [23]:
```
df.values #获取数据数组
```
Out[23]:
```
array([[91, 84, 35, 97, 52],
       [93, 30, 99, 57, 65],
       [89, 36, 59, 93, 67],
       [71, 99, 78, 49, 71],
       [47, 47, 74, 90, 61],
       [30, 87, 90, 74, 33]])
```

5. 查看 DataFrame 和 Series 关系

两者关系：DataFrame 的每一列都是一个 Series，DataFrame 的每一行都是一个 Series。当访问 DataFrame 的一行时，Pandas 自动把该行转换为 Series；当访问 DataFrame 的一列时，Pandas 自动把该列转换为 Series。

In [26]:	df['语文']　*#取语文一列，DataFrame 的每列就是一个 Series* *#data.loc[:,'语文'] 也可以取到语文列*

Out[26]:　学生 0　91
　　　　　学生 1　93
　　　　　学生 2　89
　　　　　学生 3　71
　　　　　学生 4　47
　　　　　学生 5　30
　　　　　Name: 语文，dtype: int32

In [27]:	type(df['语文'])　　*#查看 DataFrame 一列数据类型*

Out[27]:　pandas.core.series.Series

In [28]:	df.iloc[0]　*#取 0 行数据，DataFrame 的每行就是一个 Series* *#data.loc['学生 0'] 也可以取到这一行*

Out[28]:　语文　91
　　　　　数学　84
　　　　　英语　35
　　　　　政治　97
　　　　　体育　52
　　　　　Name: 学生 0，dtype: int32

In [29]:	type(df.iloc[0])　　*##查看 DataFrame 一行数据类型*

Out[29]:　pandas.core.series.Series

6. 构建 Index 对象

存储轴标签的数据结构是 Index，对于 DataFrame，行标签（即行索引）和列名称（即列索引）都是 Index 对象；对于 Series，行索引是 Index 对象。索引对象是不可修改的，类似一个固定大小的数组，索引值可以通过下标来访问，下标是自动生成的，从 0 开始。

In [30]:	idx=pd.Index(students)　*#构建索引对象*

In [31]:	clmns=pd.Index(lessons)　*#构建索引对象*

In [32]:	df=pd.DataFrame(score, columns=clmns, index=idx)　*#把索引对象赋值给 columns 和 index 属性* df

Out[32]:

	语文	数学	英语	政治	体育
学生 0	36	57	32	76	82
学生 1	52	96	66	34	88
学生 2	59	52	53	72	36
学生 3	99	81	73	38	43
学生 4	46	39	39	94	44
学生 5	49	65	39	76	72

7. DataFrame 对象结构

DataFrame 对象结构如图 4-1 所示，包括行索引对象 index、列索引对象 columns 和数据 values，行索引和列索引统称为 Index 对象，是一维数组，数据部分一般是二维数组，如果只有一列，则是一维数组，可以通过行索引和列索引名称访问数据。

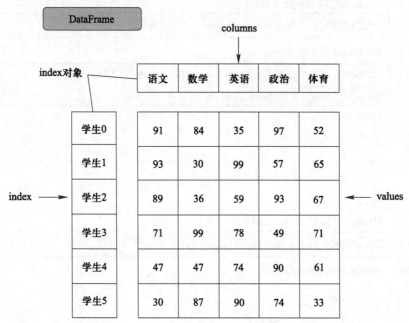

图 4-1 DataFrame 对象结构

4.1.4 知识巩固

1. Series 结构

Series 结构包含数据内容 s.values、行索引 s.index、行索引名 s.index.name、Series 名 s.name，如图 4-2 所示。

可以通过行索引访问 Series 对象数据。Series 由两个相互关联的数组组成，一个是数据（元素）数组 values，用来存放数据，数组 values 中的每个数据都有一个与之关联的索引（标签），这些索引存储在另外一个称为 index 的索引数组中。

2. DataFrame 结构

DataFrame 结构包含数据内容 df.values、行索引 df.index、列索引 df. columns、行索引名 df.index.name、列索引名 df.columns.name、DataFrame 名 df.name，如图 4-3 所示。

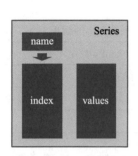
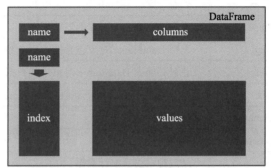

图 4-2　Series 结构　　　　　　　　　图 4-3　DataFrame 结构

DataFrame 是一个表格型的数据结构，既有行索引（保存在 index 中）又有列索引（保存在 columns 中），是 Series 对象从一维到多维的扩展。可以通过行索引和列索引访问 DataFrame 对象数据，也可以单独通过行索引访问行数据、单独通过列索引访问列数据。

行索引 df.index 和列索引 df.columns 都是 Index 对象，DataFrame 对象各列的数据类型可以不相同。

3. Series 属性

Series 常见的属性见表 4-2。

表 4-2　Series 属性

属性名	功能描述
shape	Series 对象的形状，返回元组类型
dtype	Series 对象的数据数组中的数据类型
values	Series 数据，一维数组
index	Series 行索引（0 轴标签）
name	Series 对象名
index.name	Series 行索引对象名
ndim	维数，永远是 1
size	Series 对象元素的个数
T	转置，永远为对象自己

4. DataFrame 属性

DataFrame 常见属性见表 4-3。

表 4-3　DataFrame 属性

属性名	功能描述
T	行列转置
columns	查看列索引名，可得到各列的名称
dtypes	查看各列的数据类型
index	查看行索引名
shape	查看 DataFrame 对象的形状
size	返回 DataFrame 对象包含的元素个数，为行数、列数大小的乘积
values	获取存储在 DataFrame 对象中的数据，返回一个 NumPy 数组
ix	用 ix 属性和行索引可获取 DataFrame 对象指定行的内容
index.name	行索引的名称
columns.name	列索引的名称
loc	通过行索引获取行数据
iloc	通过行号获取行数据

5. Index 索引

DataFrame 和 Series 对象都有一个属性 index，用于获取行标签。对于 DataFrame，还有一个 columns 属性，用于获取列标签。行标签可以基于数字或标签，获取行数据的方法也根据标签的类型各有不同。Pandas 的索引对象负责管理轴标签和其他元数据，如轴名称等。构建 Series 或 DataFrame 时，所用到的任何数组或其他序列的标签都会被转换成一个 Index。

Pandas 的 Index 可以包含重复的标签。通过重复的标签访问数据，会显示所有结果。

Index 轴标签最重要的作用如下：

① 唯一标识数据，用于定位数据。

② 用于数据对齐。

③ 获取和设置数据集的子集。

④ 按标签排序后，访问可以提升性能。

任务 4.2　索引操作

PPT：任务 4.2
索引操作

4.2.1　任务描述

① 使用位置索引和标签索引操作 Series。

② 使用位置索引和标签索引操作 DataFrame。

③ 使用函数式索引操作 Series 和 DataFrame。

④ 使用常见查询方法操作 Series 和 DataFrame。

⑤ 验证 index 索引能提升查询性能。

⑥ 索引各种变换。

微课 4-3
索引操作（1）

4.2.2 任务分析

构建了 Pandas 的主要数据结构 Series 和 DataFrame，那么如何访问其中的数据呢？这是数据分析中避不开的内容。Pandas 使用索引访问数据结构 Series 和 DataFrame，与 NumPy 使用索引访问数据结构 ndarray 有什么区别呢？

在 NumPy 中，有基本索引、切片索引、花式索引和布尔索引 4 种索引，并通过索引运算符[ ]来使用这 4 种索引访问 ndarray 数据。在 Pandas 中，同样使用 4 种索引表达，并通过索引运算符[ ]来访问 Series 和 DataFrame 数据。与 NumPy 的不同，不仅可以使用位置（下标）索引，还可以使用标签（名称）索引来访问数据结构。同时，还提供了使用 Python 的属性运算符.来访问 Pandas 数据结构。

Series 是带行标签的一维数组，DataFrame 是可由多种类型的列构成的带行、列标签的二维数组。因此，Pandas 专门提供了 iloc 和 loc 属性来访问数据结构。

● iloc：基于位置索引或布尔数组索引访问数据结构，也就是同样可以使用 4 种索引来访问数据结构。只包含起始位置索引，不包含结束位置索引。

● loc：基于标签索引或布尔数组（或带标签的布尔数组）索引访问数据结构，也就是同样可以使用 4 种索引来访问数据结构。当执行切片操作时，既包含起始标签索引，也包含结束标签索引。

总之，Pandas 可以使用[ ]和.，或使用 iloc 和 loc 两种方式来访问数据结构，索引可以使用基本索引、切片索引、花式索引和布尔索引。iloc 和 loc 操作索引来访问数据结构具有更好的方便性，[ ]操作索引来访问数据结构具有一定局限性。例如 df['a']，a 只能是列标签，而 df['a': 'c']，a 和 c 只能是行标签。这里需要记住一些规则。而 df.loc['a']，a 是行标签；df.loc['a': 'c']，a 和 c 还是行标签，也就是规则始终统一。

Pandas 的索引操作丰富灵活，索引分类上以位置索引和标签索引为两种类别，表达上以基本索引、切片索引、花式索引和布尔索引 4 种索引为主线，访问上以索引运输符[ ]、属性运算符.和 iloc、loc 属性访问两种形式，来学习索引操作。

4.2.3 任务实现

微课 4-4
索引操作实
践（1）

1. 使用位置索引和标签索引操作 Series

Pandas 有关索引的用法类似于 NumPy 数组的索引，只不过 Pandas 的索引既可以使用位置索引（下标），也可以使用标签索引（索引名）。另外，针对位置索引和标签索引专门提供了 iloc 和 loc 属性访问方法。无论是位置索引，还是标签索引，表达上都有 4 种索引方式，即基本索引、切片索引、花式索引和布尔索引。操作 Series 方式如下：

① 使用运算符[ ]和.操作 Series。

② 使用 iloc 或 loc 属性操作 Series。

```
In  [1]:   import numpy as np
           import pandas as pd
           import string
```

```
In  [2]:   #用一维 ndarray 数组创建 Series 对象，string.ascii_lowercase[:5]生成'abcde'
           s=pd.Series(np.arange(5), index=list(string.ascii_lowercase[:5]))
           s.name='sname'
           s.index.name='letter'
           s
```

```
Out[2]:    letter
           a  0
           b  1
           c  2
           d  3
           e  4
           Name: sname, dtype: int32
```

（1）使用基本索引

使用基本索引操作 Series 对象 s，格式如：s[下标]、s[标签]、s.标签、s.iloc[下标]、s.loc[标签]。

```
In  [3]:   s[0]    #访问位置索引为 0 的元素
```

```
Out[3]:    0
```

```
In  [4]:   s['a']    #访问标签索引为'a'的元素
```

```
Out[4]:    0
```

```
In  [5]:   s.a    #属性访问
```

```
Out[5]:    0
```

```
In  [6]:   s.iloc[0]    #iloc 属性按位置访问 0 位置元素
```

```
Out[6]:    0
```

```
In  [7]:   s.loc['a']    #loc 属性按标签访问'a'标签元素，s.loc[0]表达是错误的
```

```
Out[7]:    0
```

```
In  [8]:   #注意，如果没有定义 index，则从 0 开始自动分配的下标，同时也是标签
```

```
ss=pd.Series(np.random.randn(5))
ss
```

Out[8]:　0　0.455475

　　　1　1.358622

　　　2　−1.223441

　　　3　−0.311148

　　　4　−1.024175

dtype: float64

In　[9]:　ss.iloc[0]　#使用位置索引

ss.loc[0]　#使用标签索引

#iloc 和 loc 都可以使用索引 0，说明此时位置索引也是标签索引

Out[9]:　0.4554752806571576

（2）使用切片索引

使用切片索引操作 Series 对象 s，格式如：s[下标 i:下标 j]、s[标签 i:标签 j]、s.iloc[下标 i:下标 j]、s.loc[标签 i:标签 j]。

In　[10]:　s[0:2]　#执行切片操作，只包含起始位置索引对应元素，不包含结束位置索引对应元素

Out[10]:　letter

　　　a　0

　　　b　1

　　　Name: sname, dtype: int32

In　[11]:　s['a': 'c']　#执行切片操作，既包含起始标签对应元素，也包含结束标签对应元素

Out[11]:　letter

　　　a　0

　　　b　1

　　　c　2

　　　Name: sname, dtype: int32

In　[12]:　s[2::−1]　#从反向的 2 位置开始到起始位置元素

Out[12]:　letter

　　　c　2

　　　b　1

　　　a　0

　　　Name: sname, dtype: int32

In　[13]:　s[2::2]　#从位置 2 开始，步长 2

Out[13]:　letter

　　　c　2

　　　e　4

　　　Name: sname, dtype: int32

| In [14]: | s.iloc[0:2]　#执行切片操作，只包含起始位置索引对应元素，不包含结束位置索引对应元素 |

Out[14]:　letter

　　　　　a　0

　　　　　b　1

　　　　　Name: sname,dtype: int32

| In [15]: | s.loc['a': 'c']　#执行切片操作，既包含起始标签对应元素，也包含结束标签对应元素 |

Out[15]:　letter

　　　　　a　0

　　　　　b　1

　　　　　c　2

　　　　　Name: sname, dtype: int32

（3）使用花式索引

使用花式索引操作 Series 对象 s，格式如：s[下标列表]、s[标签列表]、s.iloc[下标列表]、s.loc[标签列表]。

| In [16]: | s[[0, 2]] |

Out[16]:　letter

　　　　　a　0

　　　　　c　2

　　　　　Name: sname, dtype: int32

| In [17]: | s[['a', 'c']] |

Out[17]:　letter

　　　　　a　0

　　　　　c　2

　　　　　Name: sname, dtype: int32

| In [18]: | s.iloc[[0, 2]] |

Out[18]:　letter

　　　　　a　0

　　　　　c　2

　　　　　Name: sname, dtype: int32

| In [19]: | s.loc[['a', 'c']] |

Out[19]:　letter

　　　　　a　0

　　　　　c　2

　　　　　Name: sname, dtype: int32

（4）使用布尔索引

使用布尔索引操作 Series 对象 s，格式如：s[带标签的布尔数组或布尔数组]、s.loc[带标签的布尔数组或布尔数组]、s.iloc[布尔数组]

| In [20]: | s>2 #*带标签的布尔数组，是 Series* |

Out[20]: letter
a   False
b   False
c   False
d   True
e   True
Name: sname, dtype: bool

| In [21]: | (s>2).values #*布尔数组* |

Out[21]: array([False, False, False, True, True])

| In [22]: | s[s>2] #*使用带标签的布尔数组* |

Out[22]: letter
d 3
e 4
Name: sname, dtype: int32

| In [23]: | s[(s>2).values] #*使用布尔数组，和 s[s>2] 等价* |

Out[23]: letter
d 3
e 4
Name: sname, dtype: int32

| In [24]: | s.loc[s>2] #*使用带标签的布尔数组* |

Out[24]: letter
d 3
e 4
Name: sname, dtype: int32

| In [25]: | s.loc[(s>2).values] #*使用布尔数组，和 s.loc[s>2] 等价* |

Out[25]: letter
d 3
e 4
Name: sname, dtype: int32

| In [26]: | s.iloc[(s>2).values]
#*s.iloc[s>2] 是错误的，iloc 是基于位置的索引方法，所以不支持基于标签的布尔数组索引* |

Out[26]: letter
d 3
e 4
Name: sname, dtype: int32

2. 使用位置索引和标签索引操作 DataFrame

使用索引操作 DataFrame 的方式如下：

① 基本索引操作包括运算符[ ]和.、属性 iloc 和 loc。

② 切片索引操作包括运算符[ ]、属性 iloc 和 loc。

③ 花式索引操作包括运算符[ ]、属性 iloc 和 loc。

④ 布尔索引操作包括运算符[ ]、属性 iloc 和 loc。

⑤ 同时使用行、列索引操作包括 df.iloc[行位置索引，列位置索引]、df.loc[行标签索引,列标签索引]，不支持 df[,]，其中行索引、列索引可以是基本索引、切片索引、花式索引、布尔索引的综合使用。

```
In [27]:  dates=pd.date_range('1/1/2021', periods=6)
          df=pd.DataFrame(np.random.randn(6, 4),
                          index=dates, columns=['A', 'B', 'C', 'D'])
          df.index.name='indexname'
          df.columns.name='columnsname'
          df.name='t'
          df
```

Out[27]:

columnsname indexname	A	B	C	D
2021-01-01	0.105525	−0.145449	1.481058	−0.186490
2021-01-02	−0.418793	−0.894142	0.176367	1.415829
2021-01-03	−1.161907	−0.503017	−0.458738	−1.476382
2021-01-04	−0.818794	0.170159	−1.934080	−1.001304
2021-01-05	0.475372	−0.097988	−0.996509	−1.452609
2021-01-06	−0.247691	0.074207	0.637621	−1.430607

（1）通过[ ]和.直接使用基本索引

格式如：df[列标签]或 df.列标签，得到一个 Series，后续按 Series 索引操作。

☞ 注意：df 是先列后行，先列必须得到一个 Series，才能后取行。

```
In [28]:  #df[] 不支持先行后列，比如：df[0]、df['2000-01-01']、df[0][1]、df[0, 1]是错误
          df['A']  #获取 A 列，得到一个 Series 对象
          df.A   #属性访问方式访问 A 列，得到一个 Series 对象
```

Out[28]: indexname
          2021-01-01   0.105525
          2021-01-02   −0.418793
          2021-01-03   −1.161907
          2021-01-04   −0.818794
          2021-01-05   0.475372
          2021-01-06   −0.247691
          Freq：D, Name：A, dtype: float64

```
In [29]:  df['A'][ '2021-01-01']   #访问 A 列行索引是'2021-01-01'的元素
```

```
df['A'][0]  #访问 A 列 0 行的元素
# df[ '2021-01-01'] 表达错误，先列后行，没有列 2021-01-01
```

Out[29]:　0.10552516199511114

In　[30]:
```
#df 转换为二维数组，使用二维数组基本索引
df.values[0][1]
df.values[0, 1]
```

Out[30]:　−0.14544858862853385

（2）通过 loc 和 iloc 使用基本索引

df.loc 属性：始终先行后列的标签索引查询。

df.iloc 属性：始终先行后列的位置索引查询。

☞　注意：始终是先行后列取数据。

In　[31]:
```
df.iloc[0]  #取 0 行 df.iloc[0, 1]
df.loc['2021-01-01']  #取行索引标签是'2021-01-01'的行
```

Out[31]:　columnsname
　　　　A　　0.105525
　　　　B　　−0.145449
　　　　C　　1.481058
　　　　D　　−0.186490
　　　　Name: 2021-01-01　00:00:00, dtype: float64

（3）直接使用切片索引

格式如：df[行下标 i:行下标 j]、df[行标签 i:行标签 j]，即使 i==j，结果也是 DataFrame。

☞　注意：切片索引只能使用行位置索引和行标签索引表达，不支持列索引表达。

In　[32]:
```
#使用位置切片索引获取 0 行
df[0:1]
#使用标签切片索引获取 '2021-01-01'到 '2021-01-02'行，不支持 df['A': 'C']
df['2021-01-01': '2021-01-01']
```

Out[32]:

columnsname	A	B	C	D
indexname				
2021-01-01	0.105525	−0.145449	1.481058	−0.18649

（4）iloc 和 loc 使用切片索引

格式如：df.iloc[行下标 i:行下标 j]、df.loc[行标签 i:行标签 j]。

☞　注意：始终是先行获取数据。

In　[33]:
```
df.iloc[0:1]  #等价 df[0:1]
df.loc['2021-01-01': '2021-01-01']  #等价 df['2021-01-01': '2021-01-01']
```

Out[33]:

columnsname	A	B	C	D
indexname				
2021-01-01	0.105525	−0.145449	1.481058	−0.18649

In [34]:
```
df.loc['2021-01-01': '2021-01-04'].loc[:, 'A']    #等价 df.loc['2021-01-01': '2021-01-04']['A']
```

Out[34]: indexname

2021-01-01   0.105525

2021-01-02   −0.418793

2021-01-03   −1.161907

2021-01-04   −0.818794

Freq: D, Name: A, dtype: float64

（5）直接使用花式索引

格式如：df[[列标签列表]]。

👉 注意：也是先列方向，花式索引只能使用列标签索引表达。

In [35]:
```
#, 花式索引不支持行索引表达, 比如: df[[0,1]]、df[['2021-01-01', '2021-01-02']]是错误的
df[['A', 'C']]    #等价 df.loc[:,['A', 'C']]
#df[['A', 'C']]['2021-01-01'] 错误, df[['A', 'C']]返回是DataFrame，后续取数据依然是先列方向
```

Out[35]:

columnsname	A	C
indexname		
2021-01-01	0.105525	1.481058
2021-01-02	−0.418793	0.176367
2021-01-03	−1.161907	−0.458738
2021-01-04	−0.818794	−1.934080
2021-01-05	0.475372	−0.996509
2021-01-06	−0.247691	0.637621

（6）iloc 和 loc 使用花式索引

格式如：df.iloc[[下标列表]]、df.loc[[标签列表]]。

👉 注意：始终是先行获取数据。

In [36]:
```
df.iloc[[0, 1]]    #访问 0 行和 1 行数据
df.loc[['2021-01-01', '2021-01-02']]    #访问行标签是'2021-01-01'、'2021-01-02'数据
```

Out[36]:

columnsname	A	B	C	D
indexname				
2021-01-01	0.105525	−0.145449	1.481058	−0.186490
2021-01-02	−0.418793	−0.894142	0.176367	1.415829

（7）直接使用布尔数组索引

格式如：df[带标签的布尔数组]、df[布尔数组]。

In　[37]:　df[df['C']>1]　#条件筛选 C 列>1 的数据，带标签的布尔数组

Out[37]:

columnsname	A	B	C	D
indexname				
2021-01-01	0.105525	−0.145449	1.481058	−0.18649

In　[38]:　df[(df['C']>1).values]　#条件筛选 C 列>1 的数据，布尔数组

Out[38]:

columnsname	A	B	C	D
indexname				
2021-01-01	0.105525	−0.145449	1.481058	−0.18649

（8）df.iloc 和 df.loc 使用布尔数组

格式如：df.iloc[布尔数组]、df.loc[带标签的布尔数组]、df.loc[布尔数组]。

In　[39]:　df.iloc[(df['C']>1).values]　#使用布尔数组作为索引，获取 C 列>1 的行
　　　　　#df.iloc[df['C']>1]，错误，iloc 不能识别标签，不能传带标签的布尔数组作为索引

Out[39]:

columnsname	A	B	C	D
indexname				
2021-01-01	0.105525	−0.145449	1.481058	−0.18649

In　[40]:　df.loc[df['C']>1]　#使用带标签的布尔数组作为索引
　　　　　df.loc[(df['C']>1).values]　#使用布尔数组作为索引，两者等价

Out[40]:

columnsname	A	B	C	D
indexname				
2021-01-01	0.105525	−0.145449	1.481058	−0.18649

（9）df.iloc 和 df.loc 使用行列查询数据

格式如：df.iloc[行位置索引，列位置索引]、df.loc[行标签索引,列标签索引]。

☞　　注意：

① 行列位置索引和标签索引均可使用基本索引、切片索引、花式索引和布尔索引。

② df.iloc 的布尔数组作为索引，不能直接使用 Series 或 DataFrame 类型的布尔数组（即带标签的布尔数组），需要将带标签的布尔数组取 values 转换成不带标签的布尔数组。

In　[41]:
```
#行、列使用位置索引
df.iloc[0, 0]　#基本索引方式
df.iloc[0:2, 0]　#切片索引方式
```

```
df.iloc[[0, 2], :]  #花式索引方式
df.iloc[(df['A']>0).values, :]  #行位置布尔索引方式
#要求（df['A']>0）.values.shape[0]==df.shape[0]
#df.iloc[:,(df['A']>0).values] 表达错误，一维布尔数组放在行位置，要求其shape[0]
#与 DataFrame 行索引长度相同；放在列位置，要求其 shape[0] 与 DataFrame 列索引长
度相同
#df.iloc[:,(df.iloc[0]>0).values]  #列位置布尔索引方式
#(df.iloc[0]>0).values.shape[0]==df.shape[1]
```

Out[41]:

columnsname indexname	A	B	C	D
2021-01-01	0.105525	−0.145449	1.481058	−0.186490
2021-01-05	0.475372	−0.097988	−0.996509	−1.452609

（10）其他情况

① df 由行、列同时定位数据，必须使用 iloc 或 loc 方式，不能使用 df[,]。

② df 可以取值得到二维数组来使用索引运算符[,]。

In [42]:
```
#错误 df[0, 0]
#错误 df[0:2, 0]
#错误 df[[0, 2],:]
#错误 df[(df['A']>0).values,:]
df.values[0, 0]
df.values[0:2, 0]
df.values[[0, 2], :]
df.values[(df['A']>0).values, :]
```

Out[42]:
```
array([[0.10552516, -0.14544859, 1.4810582, -0.1864897],
       [0.47537164, -0.09798848, -0.99650894, -1.45260919]])
```

In [43]:
```
#行、列使用标签索引
df.loc['2021-01-01', 'A']  #使用基本索引
df.loc['2021-01-01': '2021-01-02',  'A']  #使用切片索引
df.loc[['2021-01-01', '2021-01-02'],:]  #使用花式索引
df.loc[df['A']>0,  'A': 'C']  #使用带标签的布尔索引
#也可以使用布尔索引，df.loc[df['A']>0, 'A': 'C']
```

Out[43]:

columnsname indexname	A	B	C
2021-01-01	0.105525	−0.145449	1.481058
2021-01-05	0.475372	−0.097988	−0.996509

3. 使用函数式索引操作 Series 和 DataFrame

函数式索引指带有一个 Series 或 DataFrame 参数的函数，并返回有效的索引输出，有效索引就是 4 种索引之一。

使用函数式索引操作 Series 和 DataFrame 相关知识请扫描二维码查看。

微课 4-5
索引操作（2）

微课 4-6
索引操作实践（2）

4. 使用常见查询方法查询数据

使用常见查询方法查询数据相关知识请扫描二维码查看。

拓展阅读 4-2-1

拓展阅读 4-2-2

5. 使用索引查询数据

使用普通的 column 列标签可以数据查询，但使用 index 可以获得查询性能的提升。

微课 4-7
索引操作（3）

微课 4-8
索引操作实践（3）

（1）使用 index 查询数据

In [76]: `df=pd.read_csv("./datas/ml-latest-small/ratings.csv" )` #*读取 CSV 文件*

In [77]: `df.head()` #*查看前 5 行，等价 df.head(5)*

Out[77]:

	userId	movieId	rating	timestamp
0	1	1	4.0	964982703
1	1	3	4.0	964981247
2	1	6	4.0	964982224
3	1	47	5.0	964983815
4	1	50	5.0	964982931

In [78]: `df.count()` #*统计每列或每行非 NaN 的元素个数*

Out[78]:
```
userId      100836
movieId     100836
rating      100836
timestamp   100836
dtype: int64
```

In [79]:
```
# drop==False，让索引列还保持在 column
df.set_index("userId", inplace=True, drop=False)
```

In [79]:
```
#drop==False，让索引列还保持在 column
df.set_index("userId", inplace=True, drop=False)
```

In [80]: `df.head()`

Out[80]:

	userId	movieId	rating	timestamp
userId				
1	1	1	4.0	964982703
1	1	3	4.0	964981247
1	1	6	4.0	964982224
1	1	47	5.0	964983815
1	1	50	5.0	964982931

In [81]: df.index

Out[81]: Int64Index([1, 1, 1, 1, 1, 1, 1, 1, 1, 1,

　　　　…

610, 610, 610, 610, 610, 610, 610, 610, 610, 610],

dtype='int64', name='userId', length=100836)

In [82]: *#使用 index 的查询方法*
df.loc[300].head(5)

Out[82]:

	userId	movieId	rating	timestamp
userId				
300	300	318	4.0	1425351440
300	300	356	4.0	1425351838
300	300	527	5.0	1425351444
300	300	593	4.0	1425351824
300	300	1172	5.0	1425351831

In [83]: *#使用 column 的 condition 查询方法*
df.loc[df["userId"]==300].head()

Out[83]:

	userId	movieId	rating	timestamp
userId				
300	300	318	4.0	1425351440
300	300	356	4.0	1425351838
300	300	527	5.0	1425351444
300	300	593	4.0	1425351824
300	300	1172	5.0	1425351831

（2）完全随机的顺序查询

In [84]: *#将数据随机打散*
from sklearn.utils import.shuffle
df_shuffle=shuffle(df)　　*#np.random.shuffle(df.values)对多维数组排序*

In　[85]: df_shuffle.head()

Out[85]:

	userId	movieId	rating	timestamp
userId				
534	534	90522	3.5	1459787996
232	232	65216	4.0	1241824292
282	282	1222	4.0	1514068174
474	474	2265	1.5	1099509889
420	420	4993	4.5	1218041503

In　[86]: *#索引是否是递增的*
df_shuffle.index.is_monotonic_increasing

Out[86]: False

In　[87]: df_shuffle.index.is_unique

Out[87]: False

In　[88]: *#计时，查询 id==300 数据性能*
%timeit df_shuffle.loc[300]

1.04ms±129µs per loop (mean±std. dev. of 7 runs, 1000 loops each)

（3）将 index 排序后的查询

In　[89]: df_sorted=df_shuffle.sort_index()

In　[90]: df_sorted.head()

Out[90]:

	userId	movieId	rating	timestamp
userId				
1	1	1408	3.0	964982310
1	1	2427	5.0	964982242
1	1	2137	5.0	964982791
1	1	1198	5.0	964981827
1	1	3671	5.0	964981589

In　[91]: *#索引是否是递增的*
df_sorted.index.is_monotonic_increasing

Out[91]: True

In　[92]: df_sorted.index.is_unique

Out[92]: False

In　[93]: %timeit df_sorted.loc[300]

159µs ±32.5µs per loop (mean±std. dev. of 7 runs, 1000 loops each)

6. 索引变换

Series 和 DataFrame 是 Pandas 中的主要数据结构类型,而二者相较于传统的数组或 list 而言,最大的便利在于其提供了索引,DataFrame 中还有列标签名,这些都使得在操作一行或一列数据中非常方便,如在数据访问、处理、转换等方面。

索引包括行索引 index,也包括列索引 columns。

(1)reindex 和 rename

reindex 执行的是索引重组操作,接收一组标签序列作为新索引,既适用于行索引也适用于列标签名,重组之后索引数量可能发生变化,索引名为传入标签序列。当原 DataFrame 中存在新指定的索引时则提取相应行或列,不存在则舍弃。若新指定的索引在原来索引中不存在,则默认赋值为空或填充新值。

rename 执行的是索引重命名操作,接收一个字典映射或一个变换函数,也均适用于行列索引,重命名之后索引数量不发生改变,索引名可能发生变化。

二者均支持以下两种变换方式:

- 一种是变换内容+axis 指定作用轴(可选 0/1 或 index/columns)。
- 另一种是直接用 index/columns 关键字指定作用轴。

In　[1]:
```
import numpy as np
import pandas as pd
```

In　[2]:
```
df=pd.DataFrame({'Country':[ 'China', 'India', 'America', 'Japan'],
                 'Income':[10000, 5000, 40000, 50000],
                 'Age':[50, 34, 25, 32]})
df
```

Out[2]:

	Country	Income	Age
0	China	10000	50
1	India	5000	34
2	America	40000	25
3	Japan	50000	32

In　[3]:
```
#重置行索引, axis=0,labels 代表 index; axis=1, labels 代表 columns
df.reindex(labels=[0, 2, 3, 4],axis=0)  #等价 df.reindex (labels=[0, 2, 3, 4], axis='index')
```

Out[3]:

	Country	Income	Age
0	China	10000.0	50.0
2	America	40000.0	25.0
3	Japan	50000.0	32.0
4	NaN	NaN	NaN

In　[4]:
```
#重置行索引, 直接用 index 关键字指定作用轴
df.reindex(index=[4, 0, 2, 3])
```

Out[4]:

	Country	Income	Age
4	NaN	NaN	NaN
0	China	10000.0	50.0
2	America	40000.0	25.0
3	Japan	50000.0	32.0

In [5]:
```
#重置列标签，直接用 columns 关键字指定作用轴
df.reindex(columns=['Country', 'Income', 'Age2'])
```

Out[5]:

	Country	Income	Age2
0	China	10000	NaN
1	India	5000	NaN
2	America	40000	NaN
3	Japan	50000	NaN

In [6]:
```
#由于索引重组后可能存在空值，reindex 提供了填充空值的可选参数 fill_value 和 method
#前者用于指定固定值填充，后者用于指定填充策略的函数
df.reindex(index=[0, 2, 3, 4], method='ffill')    #前填充后
```

Out[6]:

	Country	Income	Age
0	China	10000	50
2	America	40000	25
3	Japan	50000	32
4	Japan	50000	32

In [7]:
```
#rename 用于执行索引重命名操作，接收一个字典
df.rename(mapper={0:'a', 1: 'b', 2: 'c', 3: 'd'}, axis=0)
```

Out[7]:

	Country	Income	Age
a	China	10000	50
b	India	5000	34
c	America	40000	25
d	Japan	50000	32

In [8]:
```
#rename 用于执行索引重命名操作，接收一个重命名规则的函数类型
df2=df.rename(index=lambda x:chr(x+ord('a')))
df2
```

Out[8]:

	Country	Income	Age
a	China	10000	50
b	India	5000	34
c	America	40000	25
d	Japan	50000	32

In [9]:	list(df2.index) #查看行索引

Out[9]: ['a', 'b', 'c', 'd']

In [10]:	df2.index[0] #查看 0 位置行索引

Out[10]: 'a'

In [11]:	df2.columns[0] #查看 0 位置列索引

Out[11]: 'Country'

（2）index.map

针对 DataFrame 中的数据，Pandas 中提供了一对功能有些相近的接口：map 和 apply，以及 applymap，其中 map 仅用于 Series，可接收字典或函数完成数据的变换。

In [12]:	df.index=df.index.map(lambda x:chr(x+ord('a'))) df

Out[12]:

	Country	Income	Age
a	China	10000	50
b	India	5000	34
c	America	40000	25
d	Japan	50000	32

（3）set_index 与 reset_index

set_index 用于置位索引，将 DataFrame 中列名或列名列表设置为行索引，默认丢弃原列索引，可选 drop 参数。

reset_index 用于复位索引，将索引加入数据中作为一列或直接丢弃，可选 drop 参数。

set_index 和 reset_index 是一对互逆的操作。

In [13]:	df2=df.set_index('Country') #将列设为行索引 df.set_index('Country', drop=False) df2

Out[13]:

Country	Income	Age
China	10000	50
India	5000	34
America	40000	25
Japan	50000	32

In [14]:	df2.reset_index() #将行索引加入到数据列

Out[14]:

	Country	Income	Age
0	China	10000	50
1	India	5000	34
2	America	40000	25
3	Japan	50000	32

In [15]:	df2=df.set_index('Country')　*#将列设为行索引* df2

Out[15]:

Country	Income	Age
China	10000	50
India	5000	34
America	40000	25
Japan	50000	32

In [16]:	df2.reset_index(drop=True)　*#将原行索引丢弃,不是行索引加入到数据列*

Out[16]:

	Income	Age
0	10000	50
1	5000	34
2	40000	25
3	50000	32

4.2.4　知识巩固

1. Pandas 索引

（1）Pandas 索引类别

Pandas 索引用法类似于 NumPy 数组的索引,只不过 Pandas 的索引既可以使用位置索引（下标）,也可以使用标签索引（索引名）。另外,针对位置索引和标签索引专门提供了 iloc 和 loc 属性访问方法。无论是位置索引,还是标签索引,表达上都有 4 种索引方式,即基本索引、切片索引、花式索引和布尔索引。

（2）Pandas 索引操作数据

以基本索引、切片索引、花式索引、布尔索引 4 种索引为主线,每种索引都可以用位置索引或标签索引来表达,同时以索引运算符[]和属性运算符.、iloc 和 loc 属性两种访问方式来使用索引。在这两种访问方式中,都可以使用 4 种索引。

（3）Pandas 索引操作数据的基本结构

基本结构有[ ]、[,]、[][]、. 和 iloc[]、iloc[,]、loc[]、loc[,]。注意：df[]取数据是先取列数据,结果是 Series 对象后才能取行数据,否则继续取列数据;df[0: 4]:直接切片索引仅仅支持行索引方向,不支持列索引方向;iloc 和 loc 总是先行索引方向,iloc[,]和 loc[,]中逗号左边是行索引,右边是列索引。

2. NumPy 和 Pandas 索引使用比较

（1）NumPy 多维数组访问

索引的类别：位置（下标）索引。

索引的表达方式：基本索引、切片索引、花式索引和布尔索引。

索引的操作方式：索引运算符[ ]。

（2）Pandas 数据结构 Series 和 DataFrame 访问

索引的类别：位置（下标）索引、标签（名称）索引。

索引的表达方式：基本索引、切片索引、花式索引和布尔索引。

索引的操作方式：索引运算符[ ]和属性运算符.，使用上有一定局限性。

数据结构对象的 iloc 和 loc 属性，使用上灵活方便。

（3）索引操作数据思路

NumPy 索引只有位置索引，Pandas 还有行和列标签索引，以及 iloc 和 loc 属性来操作数据。

（4）操作索引的基本结构

● NumPy：[ ]、[,]、[ ][ ]。

● Pandas：[ ]、.、iloc[ ]、iloc[,]、loc[ ]、loc[,]。

3. Pandas 索引操作常见表达

Pandas 索引操作常见表达见表 4-4。索引包括基本索引、切片索引、花式索引和布尔索引以及混合方式，既可以使用位置索引表达，也可以使用标签索引表达。iloc 不能使用带标签的布尔索引，可以使用不带标签的布尔索引。索引操作的返回结果，包括单个值、Series 对象、DataFrame 对象。

表 4-4 索引操作常见表达

索引操作	描　　述
s.loc[标签索引]	通过标签选取 Series 数据
df.loc[行标签索引]	通过行标签选取 DataFrame 数据
df.loc[行标签索引,列标签索引]	通过行、列标签选取 DataFrame 数据
s.iloc[位置索引]	通过位置索引选取 Series 数据
df.iloc[行位置索引]	通过行位置索引选取 DataFrame 数据
df.iloc[行位置索引，列位置索引]	通过行、列位置索引选取 DataFrame 数据
s[标签索引或位置索引]	通过标签索引或位置索引选取 Series 数据
s.属性（单个标签索引）	通过属性选取 Series 数据，返回单个值
df[列标签索引]	通过列标签索引选取 DataFrame 数据
df.属性（单个列标签索引）	通过属性选取 DataFrame 数据，返回 Series
df[m:n]	通过切片行位置索引选取 DataFrame 数据
df[,]、df[m]	不支持

4. 有效的函数式索引

函数返回有效索引，就是能被 iloc、loc、[ ]这 3 种运算符正常使用。所以，应从 iloc、

loc、[ ]这 3 种情况讨论有效的函数式索引。

（1）df(或 s).iloc 属性有效索引

- 一个整数，如 5。
- 整数列表或数组，如[4, 3, 0]。
- 带有整数的切片对象，如 1:7。
- 布尔数组。

（2）df(或 s).loc 属性有效索引

- 单个标签，如 5 或'a'（注意，这里 5 既是标签索引，也是下标索引）。
- 列表或标签数组，如 ['a', 'b', 'c']。
- 带标签的切片对象'a':'f'（注意，标签切片的端点包括在内）。
- 布尔数组。

（3）df[ ]、s[ ]有效索引

- 位置有效索引。
- 标签有效索引。
- 遵循 df 和 s 索引运算符[ ]操作要求。

5. Pandas 行索引用途

① 使用 index 行索引标签可以更方便地查询数据。

② 使用 index 会提升查询性能。如果 index 是唯一的，Pandas 会使用哈希表优化，查询性能为 O(1)；如果 index 不是唯一的，但是有序，Pandas 会使用二分查找算法，查询性能为 O(logN)；如果 index 是完全随机的，那么每次查询都要扫描全表，查询性能为 O(N)。

③ 使用 index 能自动对齐数据（参考任务 4.3）。Pandas 数据结构之间的操作会自动基于标签对齐数据，不用顾及执行计算操作的数据结构是否有相同的标签。Pandas 数据结构集成的数据对齐功能，是 Pandas 区别于大多数标签型数据处理工具的重要特性。

④ index 提供更多更强大的索引数据结构支持（参考任务 4.4）。例如，CategoricalIndex，基于分类数据的 Index，提升性能；MultiIndex，多维索引，用于 groupby 多维聚合后结果等；DatetimeIndex，时间类型索引，强大的日期和时间的方法支持。

任务 4.3　数据运算

PPT：任务 4.3
数据运算

4.3.1　任务描述

① Series 的各种数据运算。
② DataFrame 的各种数据运算。

微课 4-9
数据运算

③ Series 和 DataFrame 的各种数据运算。

4.3.2　任务分析

Series、DataFrame 的运算和 NumPy 数组一样，也是向量化运算，而且支持大多数 NumPy 多维数组的方法。Pandas 数据对象的基本运算主要包括算术运算、布尔运算、关系运算、排序运算、汇总类统计、唯一值和计数运算、相关系数和协方差运算。可以使用运算符或函数完成数据对象运算。

4.3.3　任务实现

1. 算术运算和自动对齐

微课 4-10
数据运算实践
操作

Series、DataFrame 和多维数组运算的主要区别是，Series、DataFrame 之间的操作会自动基于标签对齐数据，包括行标签和列标签，生成的结果是列和行标签的并集。因此，不用顾及执行计算操作的 Series、DataFrame 是否有相同的标签。

（1）Series 之间运算

```
In [1]:   import numpy as np
          import pandas as pd
```

```
In [2]:   np.random.seed(1)
          s=pd.Series(np.random.randn(5), index=['a', 'b', 'c', 'd', 'e'])    #创建 Series 对象
          s
```

```
Out[2]:   a     1.624345
          b    -0.611756
          c    -0.528172
          d    -1.072969
          e     0.865408
          dtype:  float64
```

```
In [3]:   s *2 #Series 对象支持向量化运算
```

```
Out[3]:   a     3.248691
          b    -1.223513
          c    -1.056344
          d    -2.145937
          e     1.730815
          dtype:  float64
```

```
In [4]:   np.exp(s)    #Series 支持大多数 NumPy 多维数组的方法
```

```
Out[4]:   a     5.075096
          b     0.542397
```

```
c    0.589682
d    0.341992
e    2.375974
dtype:  float64
```

In [5]: `s[1:]`

Out[5]:
```
b    -0.611756
c    -0.528172
d    -1.072969
e    0.865408
dtype:  float64
```

In [6]: `s[:-1]`

Out[6]:
```
a    1.624345
b    -0.611756
c    -0.528172
d    -1.072969
dtype:  float64
```

In [7]: `s[1:]+s[:-1]` #数据运算会自动基于标签对齐数据，先合并索引后运算，缺失值运算结果为缺失值

Out[7]:
```
a    NaN
b    -1.223513
c    -1.056344
d    -2.145937
e    NaN
dtype:  float64
```

（2）DataFrame 之间运算

In [8]:
```
np.random.seed(1)
df=pd.DataFrame(np.random.randn(5, 4), columns=['A', 'B', 'C', 'D'])
df2=pd.DataFrame(np.random.randn(4, 3), columns=['A', 'B', 'C'])
df+df2  #数据运算会自动基于标签对齐数据
```

Out[8]:

	A	B	C	D
0	0.523726	0.532967	0.373419	NaN
1	1.367902	-1.400683	1.061084	NaN
2	0.196149	-1.185140	1.194220	NaN
3	0.207938	-1.075715	0.737016	NaN
4	NaN	NaN	NaN	NaN

（3）DataFrame 和 Series 之间运算

In [9]:
```
df
```
Out[9]:

	A	B	C	D
0	1.624345	−0.611756	−0.528172	−1.072969
1	0.865408	−2.301539	1.744812	−0.761207
2	0.319039	−0.249370	1.462108	−2.060141
3	−0.322417	−0.384054	1.133769	−1.099891
4	−0.172428	−0.877858	0.042214	0.582815

In [10]:
```
df-df.iloc[0]    # df.iloc[0] 是一维数组，参与计算时当作行向量，这里向下广播
#按列标签自动对齐运算，等价 df.sub(df.iloc[0], axis=1)
```
Out[10]:

	A	B	C	D
0	0.000000	0.000000	0.000000	0.000000
1	−0.758938	−1.689782	2.272984	0.311762
2	−1.305306	0.362386	1.990280	−0.987172
3	−1.946763	0.227702	1.661941	−0.026923
4	−1.796774	−0.266102	0.570385	1.655784

In [11]:
```
df.loc[:, 'A']
```
Out[11]:
```
0    1.624345
1    0.865408
2    0.319039
3   −0.322417
4   −0.172428
Name: A, dtype: float64
```

In [12]:
```
df-df.loc[:,'A']    #df.loc[:,'A'] 是一维数组，参与计算时当作行向量
#这里向下广播，基于标签对齐数据运算
```
Out[12]:

	A	B	C	D	0	1	2	3	4
0	NaN	NaN	NaN	NaN	NaN	NaN	NaN	NaN	NaN
1	NaN	NaN	NaN	NaN	NaN	NaN	NaN	NaN	NaN
2	NaN	NaN	NaN	NaN	NaN	NaN	NaN	NaN	NaN
3	NaN	NaN	NaN	NaN	NaN	NaN	NaN	NaN	NaN
4	NaN	NaN	NaN	NaN	NaN	NaN	NaN	NaN	NaN

In [13]:
```
df.sub(df.loc[:, 'A'], axis=0)    #按行索引自动对齐运算
```

Out[13]:

	A	B	C	D
0	0.0	−2.236102	−2.152517	−2.697314
1	0.0	−3.166946	0.879404	−1.626615
2	0.0	−0.568409	1.143069	−2.379180
3	0.0	−0.061637	1.456187	−0.777474
4	0.0	−0.705430	0.214642	0.755243

In　[14]:
```
df * 2 +1
```

Out[14]:

	A	B	C	D
0	4.248691	−0.223513	−0.056344	−1.145937
1	2.730815	−3.603077	4.489624	−0.522414
2	1.638078	0.501259	3.924216	−3.120281
3	0.355166	0.231891	3.267539	−1.199783
4	0.655144	−0.755717	1.084427	2.165630

2. 布尔运算

布尔运算可以通过与（&）、或（|）、非（~）、异或（^）进行组合运算。

In　[15]:
```
df1=pd.DataFrame({'a':[True, False, True], 'b':[False, True, True]})
```

In　[16]:
```
df2=pd.DataFrame({'a':[True, True, True], 'b':[ True, True, False]})
```

In　[17]:
```
df1 & df2   #与运算
```

Out[17]:

	a	b
0	True	False
1	False	True
2	True	False

In　[18]:
```
df1 | df2   #或运算
```

Out[18]:

	a	b
0	True	True
1	True	True
2	True	True

In　[19]:
```
df1 ^   df2   #异或运算，相同为假、相反为真
```

Out[19]:

	a	b
0	False	True
1	True	False

	a	b
2	False	True

```
In [20]: -df1  #取反运算，等价~df1
Out[20]:
```

	a	b
0	False	True
1	True	False
2	False	False

3. 关系运算

关系运算符（><<==!=），常使用关系运算和逻辑运算结合选取数据。

（1）关系运算

DataFrame 对象或者 Series 对象运用关系运算，返回的是相同维度的由 bool 值（False 或 True）组成的对象。

```
In [21]: df=pd.DataFrame({'b':[-3, -7, 8, 5], 'a':[8, 4, -5, 2], 'c':[9,-1, 6, -5]})
         df
Out[21]:
```

	b	a	c
0	-3	8	9
1	-7	4	-1
2	8	-5	6
3	5	2	-5

```
In [22]: df >0  #对每个元素判断，并返回同维 bool 值组成的对象
Out[22]:
```

	b	a	c
0	False	True	True
1	False	True	False
2	True	False	True
3	True	True	False

```
In [23]: df ['b']>0  #等价 df.b>0，对 b 列每个数据进行判断，返回一列 bool 值
Out[23]: 0    False
         1    False
         2     True
         3     True
         Name: b, dtype: bool
In [24]: df [['b', 'c']]>0  #判断 b 和 c 列中元素，返回两列 bool 值
Out[24]:
```

/

	b	c
0	False	True
1	False	False
2	True	True
3	True	False

In [25]:
```
#b 列元素>0 且同时满足 c 列元素也>0,用逻辑运算符(&/~)时,前后条件都要带上
括号()
(df.b>0) & (df.c>0)
```

Out[25]:　0　　False
　　　　　1　　False
　　　　　2　　True
　　　　　3　　False
　　　　　dtype: bool

（2）选取整行数据

根据关系运算返回的结果（即根据布尔索引）选取整行数据。

格式如：df [限制条件 1&限制条件 2…]或 df [限制条件 1][限制条件 2]

In [26]:
```
df [df.b>0]  #或者 df[df['b']>0],在 df 中选择 b 列元素>0 的所有行
```

Out[26]:

	b	a	c
2	8	−5	6
3	5	2	−5

In [27]:
```
df [(df.b>0) &(df.c>0)]   #等价 df[(df.b>0)][(df.c>0)],在 df 中选择选择 b 和 c 同时大于0
的那些行
```

Out[27]:

	b	a	c
2	8	−5	6

In [28]:
```
df [['b', 'c' ]]>0  #同时判断 b 和 c 列中元素,返回两列 bool 值
```

Out[28]:

	b	c
0	False	True
1	False	False
2	True	True
3	True	False

In [29]:
```
#如果关系运算返回的布尔数组不是一维,则选取数据进行元素级运算,为真返回对应值,
为假返回缺失值,并不是返回为真对应的数据,原数据结构的 shape 和返回数据结构的
shape 一致
```

```
df [df [['b', 'c']]>0]    #注意：并不是指 b 和 c 列要同时 >0
```

Out[29]:

	b	a	c
0	NaN	NaN	9.0
1	NaN	NaN	NaN
2	8.0	NaN	6.0
3	5.0	NaN	NaN

（3）选取整列数据

根据关系运算返回结果选取指定列的数据。

格式如：df [限制条件][列]、df [列][限制条件]

In　[30]:
```
df ['a'][df.b>0]    #等价 df[df.b>0]['a']，判断条件[df.b>0] 限制了在哪些行中寻找
```

Out[30]:　2 -5

3 2

Name: a, dtype: int64

In　[31]:
```
df [['a', 'b']][(df.b>0)&(df.c>0)]
```

Out[31]:

	a	b
2	-5	8

4. 排序运算

Pandas 支持 3 种排序方式，即按索引标签排序、按列中的值排序以及按这两种方式混合排序。

Series.sort_values()方法用于按值对 Series 排序。DataFrame.sort_values()方法用于按行列的值对 DataFrame 排序，DataFrame.sort_values()的可选参数 by 用于指定按哪列排序，该参数的值可以是一列或多列数据。

Series.sort_index()与 DataFrame.sort_index()方法用于按索引层级对 Pandas 对象排序。

（1）按值排序 sort_values

In　[32]:
```
s=pd.Series(['A', 'B', 'C', 'Aaba', 'Baca', np.nan, 'CABA', 'dog', 'cat'])
s[2]=np.nan
s.sort_values()    #NaN 缺失值在最后
```

Out[32]:　0　　　　A

3　　Aaba

1　　　　B

4　　Baca

6　　CABA

8	cat
7	dog
2	NaN
5	NaN

dtype: object

In [33]: `s.sort_values (na_position='first')`　*#NaN 缺失值在前面*

Out[33]:
2	NaN
5	NaN
0	A
3	Aaba
1	B
4	Baca
6	CABA
8	cat
7	dog

dtype: object

In [34]: `df1=pd.DataFrame({'one': [2, 1, 1, 1], 'two': [1, 3, 2, 4], 'three': [5, 4, 3, 2]})`
`df1`

Out[34]:
	one	two	three
0	2	1	5
1	1	3	4
2	1	2	3
3	1	4	2

In [35]: `df1.sort_values (by='two')`　*#单列排序，默认升序*

Out[35]:
	one	two	three
0	2	1	5
2	1	2	3
1	1	3	4
3	1	4	2

In [36]: `df1.sort_values(by='two', ascending=False)`　*#降序*

Out[36]:
	one	two	three
3	1	4	2
1	1	3	4
2	1	2	3
0	2	1	5

In [37]: `df1.sort_values(by=['one', 'two'])`　*#多列排序*

Out[37]:

	one	two	three
2	1	2	3
1	1	3	4
3	1	4	2
0	2	1	5

In [38]: `dfl.sort_values(by=['one', 'two'], ascending=False)`   *#两个字段都是降序*

Out[38]:

	one	two	three
0	2	1	5
3	1	4	2
1	1	3	4
2	1	2	3

In [39]: `dfl.sort_values(by=['one', 'two'], ascending=[True, False]`   *#'one'升序、'two'降序*

Out[39]:

	one	two	three
3	1	4	2
1	1	3	4
2	1	2	3
0	2	1	5

（2）按索引排序 sort_index

In [40]:
```
df=pd.DataFrame({
    'one': pd.Series(np.random.randn(3), index=['a', 'b', 'c']),
    'two': pd.Series(np.random.randn(4), index=['a', 'b', 'c', 'd']),
    'three': pd.Series(np.random.randn(3), index=['b', 'c', 'd'])})
```

In [41]:
```
unsorted_df=df.reindex(index=['a', 'd', 'c', 'b'],
                       columns=['three', 'two', 'one'])
unsorted_df
```

Out[41]:

	three	two	one
a	NaN	−0.012665	−0.687173
d	−0.887629	1.659802	NaN
c	−0.191836	0.234416	−0.671246
b	0.742044	−1.117310	−0.845206

In [42]: `unsorted_df.sort_index()`   *#按行索引排序*

Out[42]:

	three	two	one

a	NaN	−0.012665	−0.687173
d	0.742044	−1.117310	−0.845206
c	−0.191836	0.234416	−0.671246
d	−0.887629	1.659802	NaN

In [43]: `unsorted_df.sort_index(axis=1)` *#按列标签排序*

Out[43]:

	one	three	two
a	−0.687173	NaN	−0.012665
d	NaN	−0.887629	1.659802
c	−0.671246	−0.191836	0.234416
b	−0.845206	0.742044	−1.117310

（3）按索引与值混合排序

In [44]: `idx=pd.MultiIndex.from_tuples([('a', 1), ('a', 2), ('a', 2), ('b', 2), ('b', 1), ('b', 1)])`
`idx.names=['first', 'second']`

In [45]: `df_multi=pd.DataFrame({'A': np.arange(6, 0, -1)}, index=idx)`
`df_multi`

Out[45]:

first	second	A
a	1	6
	2	5
	2	4
b	2	3
	1	2
	1	1

In [46]: `df_multi.sort_values(by=['second', 'A'])`

Out[46]:

first	second	A
b	1	1
	1	2
a	1	6
b	2	3
a	2	4
	2	5

5. 汇总类统计

Series 与 DataFrame 支持大量统计的方法，包括 sum()、mean()等聚合函数，还包括输出结果与原始数据集同样大小的 cumsum()、cumprod()等函数。这些方法基本上都接受 axis 参数，axis 可以用名称或整数指定。axis='index'或 axis=0，默认值，按列统计；axis='columns'或 axis=1，按行统计。由于 Series 是一维的，所以不需要 axis 参数。Pandas 的统计运算默认忽略缺失值，而 NumPy 的统计运算遇缺失值结果为 NaN。

In [47]:
```
df=pd.DataFrame({
'one': pd.Series(np.random.randn(3), index=['a', 'b', 'c']),
'two': pd.Series(np.random.randn(4), index=['a', 'b', 'c', 'd']),
'three': pd.Series(np. random.randn(3), index=['b', 'c', 'd'])})
df
```

Out[47]:

	one	two	three
a	−0.747158	−0.636996	NaN
b	1.692455	0.190915	0.617203
c	0.050808	2.100255	0.300170
d	NaN	0.120159	−0.352250

In [48]:
```
df.mean(0)   #按列求平均
```

Out[48]:
```
one      0.332035
two      0.443583
three    0.188375
dtype: float64
```

In [49]:
```
#统计方法都支持 skipna 关键字，指定是否要排除缺失数据，默认值为 True
df.sum(0, skipna=False)
```

Out[49]:
```
one        NaN
two      1.774334
three      NaN
dtype: float64
```

In [50]:
```
df.cumsum()   #默认按 axis=0 对 df 求累加和，计算结果是与 df 形状相同的 DataFrame 对象
#cumsum()与 cumprod()等方法保留 NaN 值的位置
```

Out[50]:

	one	two	three
a	−0.747158	−0.636996	NaN
b	0.945296	−0.446080	0.617203
c	0.996104	1.654175	0.917373
d	NaN	1.774334	0.565124

描述性统计函数 describe()会返回一个有多个行的所有数字列的统计表，每个行是一个

统计指标，有总数、平均数、标准差、最大最小值、四分位数等。

```
In   [51]:   df=pd.DataFrame(np.random.randn(1000, 5),columns=['a', 'b', 'c', 'd', 'e'])
             df.iloc[::2]=np.nan
             df.describe()
```

Out[51]:

	a	b	c	d	e
count	500.000000	500.000000	500.000000	500.000000	500.000000
mean	0.034232	0.051616	0.032676	−0.001807	0.017617
std	1.001595	1.004951	1.008198	0.957628	0.981170
min	−2.782534	−3.064141	−3.016032	−2.418973	−2.790996
25%	−0.659636	−0.626993	−0.624682	−0.691279	−0.658596
50%	0.033608	0.125610	−0.001152	0.033412	0.038113
75%	0.740531	0.696366	0.723498	0.678275	0.682765
max	2.777053	3.238343	2.917309	2.787361	2.894386

6. 唯一值和值计数运算

一般不用于数值列，而是枚举、分类列。

```
In   [52]:   data = np.random.randint(0, 7, size=6)
             s = pd.Series(data)
             s
```

```
Out[52]:   0    3
           1    0
           2    0
           3    2
           4    5
           5    5
           dtype: int32
```

```
In   [53]:   s.unique()   #唯一性去重
```

```
Out[53]:   array([3, 0, 2, 5])
```

```
In   [54]:   s.value_counts()   #按值计数
```

```
Out[54]:   0    2
           5    2
           2    1
           3    1
           dtype: int64
```

7. 相关系数和协方差运算

相关系数：对于两个变量 X、Y，衡量相似度程度，当它们的相关系数为 1 时，说明两个变量变化时的正向相似度最大，当相关系数为-1 时，说明两个变量变化的反向相似度最大。相关系数矩阵函数为 df.corr。

协方差：对于两个变量 X、Y，衡量同向反向程度，如果协方差为正，说明 X、Y 同向变化，协方差越大，说明同向程度越高；如果协方差为负，说明 X、Y 反向运动，协方差越小，说明反向程度越高。协方差矩阵函数为 df.cov。

两者关系：将协方差归一化，也就是相关系数。相关系数消除了协方差数值大小的影响。相关系数也可以看成协方差，即一种剔除了两个变量量纲影响、标准化后的特殊协方差，它消除了两个变量变化幅度的影响，而只是单纯反应两个变量每单位变化时的相似程度。

In [55]:
```
x=[a for a in range(100) ]
#构造一元二次方程，非线性关系
def y_x(x):
    return 2*x**2+4
y=[y_x(i) for i in x]
data=pd.DataFrame({'x' :x, 'y' :y})
data.head()
```

Out[55]:

	x	y
0	0	4
1	1	6
2	2	12
3	3	22
4	4	36

y 经由函数构造出来，x 和 y 的相关系数应该为 1。但从实验结果可知，相关系数方法默认值，针对非线性数据有一定的误差。

In [56]: `data.corr()  #相关系数矩阵`

Out[56]:

	x	y
x	1.000000	0.967644
y	0.967644	1.000000

In [57]: `data.corr(method=' spearman')`

Out[57]:

	x	y
x	1.0	1.0
y	1.0	1.0

In [58]: `data.corr(method='kendall')`

Out[58]:

	x	y
x	1.0	1.0
y	1.0	1.0

4.3.4　知识巩固

1. 算术运算关键点

算术运算关键点相关知识请扫描二维码查看。

2. 描述性统计函数

描述性统计函数相关知识请扫描二维码查看。

拓展阅读 4-3-1

拓展阅读 4-3-2

3. 排序函数

排序函数相关知识请扫描二维码查看。

4. 相关系数函数

相关系数函数相关知识请扫描二维码查看。

拓展阅读 4-3-3

拓展阅读 4-3-4

任务 4.4　层次化索引操作

PPT：任务 4.4
层次化索引操作

4.4.1　任务描述

① 使用层次化索引表示多维数据。
② 使用层次化索引操作多维数据。

微课 4-11
层次化索引操作

4.4.2　任务分析

Pandas 的主要数据结构是 Series 和 Dataframe，Series 表示一维数据，Dataframe 表示二维数据，那么如何表示多维数据和操作多维数据呢？使用层次化索引。

对于 Pandas 库，当数据高于二维时，使用多层（级）索引的 Series 和 Dataframe 表示。使用多层级索引展示数据更加直观，操作数据更加灵活，并且可以表示 3 维、4 维乃至任意维度的数据。从本质上讲，有了多层索引，就可以在 Series 和 DataFrame 等低维数据结构中存储和处理任意维数的数据。

Pandas 的索引：负责管理轴标签和其他如轴名称等元数据。构建 Series 或 DataFrame 时，所用到的任何数组或其他序列的标签都会被转换成一个 Index。

MultiIndex：层次化索引对象，表示单个轴上的多层索引。MultiIndex 可以理解为堆叠的一种索引结构，官方文档提到它为一些相当复杂的数据分析和操作打开了大门，尤其是在处理高维数据时显得十分便利。

Pandas 的数据处理：Pandas 作为 Python 中非常重要的数据处理工具，它提供了很多灵活的数学和统计方法。在数据处理中，经常需要对数据进行索引转换，以适应不同统计和作图的需要。

本任务学习 Series 的多层索引 MultiIndex 构建、筛选数据，DataFrame 的多层索引 MultiIndex 构建、筛选数据。

微课 4-12
层次化索引
操作实践

4.4.3　任务实现

层次化索引操作任务实现请扫描二维码查看。

4.4.4　知识巩固

拓展阅读 4-4-1

1. MultiIndex 的重要性

MultiIndex 的重要性相关知识请扫描二维码查看。

2. MultiIndex 创建方式

MultiIndex 创建方式相关知识请扫描二维码查看。

拓展阅读 4-4-2

3. 多层索引筛选数据

多层索引筛选数据相关知识请扫描二维码查看。

拓展阅读 4-4-3

小结

拓展阅读 4-4-4

本项目先介绍了 Pandas 库及特点，然后介绍了它的两种基础数据结构 Series 和 DataFrame，及其操作方法和主要特点，尤其是索引操作，并和 NumPy 的索引操作进行了对比，最后展示了通过创建多层索引扩展这两种数据结构，以及多层索引数据筛选。

练习

文本：参考答案

一、填空题

1. _____是一种类似于一维数组的对象，是由一组数据（各种 NumPy 数据类型）

以及一组与之相关的数据标签（即索引）组成。仅由一组数据也可产生简单的 Series 对象。

2.＿＿＿＿＿＿＿是 Pandas 中的一个表格型的数据结构，包含有一组有序的列，每列可以是不同的值类型（数值、字符串、布尔型等），DataFrame 既有行索引也有列索引，可以被看成是由 Series 组成的字典。

3. Pandas 专门提供了 iloc 和 loc 属性来访问数据结构。属性＿＿＿＿＿＿＿是基于位置索引或布尔数组索引访问数据结构。属性＿＿＿＿＿＿＿是基于标签索引或布尔数组（或带标签的布尔数组）索引访问数据结构。

4.＿＿＿＿＿＿＿执行的是索引重组操作，＿＿＿＿＿＿＿执行的是索引重命名操作。

5. 多层索引 MultiIndex 筛选数据时，元组(key1, key2)代表筛选多层索引，＿＿＿＿＿＿＿代表同一层的多个索引。

二、选择题

1. Series 是一种类似于（　　　）的对象，它由一组数据（不同数据类型）以及一组与之相关的数据标签（即索引）组成。

　　A．一维数组　　　　B．多维数组　　　　　C．二维数组　　　　D．list

2. DataFrame 是一个（　　　）的数据结构。

　　A．表格型　　　　　B．列表型　　　　　　C．图像型　　　　　D．数组型

3. 根据行与列的标签值查询的方法是（　　　）。

　　A．df. where　　　B．df. iloc　　　　　C．df. loc　　　　　D．df. query

4. 下列关于 Pandas 库的说法中，正确的是（　　　）。

　　A．Pandas 中只有两种数据结构

　　B．Pandas 中 Series 和 DataFrame 可以解决数据分析中的一切问题

　　C．Pandas 不支持读取文本数据

　　D．Pandas 是在 NumPy 基础上建立的新程序库

5. 下列选项中，不能创建一个 Series 对象的是（　　　）。

　　A．ser_obj = pd.Series({2001: 17.8, 2002: 20.1, 2003: 16.5})

　　B．ser_obj = pd.Series((1,2,3,4))

　　C．ser_obj = pd.Series([1, 2, 3, 4, 5])

　　D．ser_obj = pd.Series(1,2)

6. 关于 Pandas 中数据排序，下列说法正确的是（　　　）。

　　A．sort_values()方法表示按照索引进行排序

　　B．默认情况下，sort_index()方法按照降序排列

　　C．既可以按照行索引排序，也可以按照列索引排序

　　D．sort_index()方法表示按照值进行排序

7．下列选项中，用来表示数组维度的属性是（　　）。

A．size B．shape C．ndim D．dtype

8．下列选项中，描述不正确的是（　　）。

A．DataFrame 是二维的数据结构

B．Pandas 中只有 Series 和 DataFrame 这两种数据结构

C．Series 和 DataFrame 都可以重置索引

D．Series 是一维数据结构

9．下列选项中，描述正确是（　　）。

A．Series 是一维数据结构，其索引在右，数据在左

B．Series 结构中的数据不可以进行算术运算

C．sort_values()方法可以将 Series 或 DataFrame 中的数据按照索引排序

D．DataFrame 是二维数据结构，并且该结构具有行索引和列索引

10．请阅读下面一段程序：

```
import pandas as pd
ser_obj = pd.Series(range(1, 6), index=[5, 3, 0, 4, 2])
ser_obj.sort_index()
```

执行上述程序后最终输出结果为（　　）。

A.		B.		C.		D.	
5	1	0	3	2	5	5	1
3	2	2	5	4	4	4	4
0	3	3	2	0	3	3	2
4	4	4	4	3	2	2	5
2	5	5	1	5	1	0	3

三、简答题

1．Pandas 索引类别有哪两种？

2．NumPy 和 Pandas 操作索引的基本结构有哪些？

四、程序题

现有结构如图 4-4 所示的数据，请进行以下操作。

	A	B	C	D
2022-01-01	0.014366	1.048509	1.452749	0.192941
2022-01-02	-1.370181	1.606035	-0.015096	-0.346212
2022-01-03	1.346964	-0.732575	-0.558851	-1.257722
2022-01-04	0.243925	-0.649601	0.379872	0.882177
2022-01-05	0.607315	1.112379	-0.693178	0.744479
2022-01-06	0.028082	-0.417374	-0.698624	0.361224

图 4-4　项目 4 程序题数据

① 使用 DataFrame 创建该表格，数据的生成使用 random.randn。

② 按行索引降序。

③ 按 B 列数据进行降序排序。

④ 选取 A、B 两列数据。

⑤ 选取'2022-01-02'到'2022-01-04'行，以及 A、B 两列。

⑥ 选取 1:3 行、2:4 列。

⑦ 选取[0,2,4]行、[1,3]列。

⑧ 选取所有 A 列大于 0.5 的行。

⑨ 计算每列的平均值。

项目5　Pandas的数据读写

项目描述

使用 Pandas 进行数据的读写，包括文本数据读写、JSON 和 Excel 数据读写、数据库数据读写。

项目分析

Pandas 的 I/O API 是一组 read 函数，如 pandas.read_csv()函数，这类函数可以返回 Pandas 对象，相应的 write 函数是像 DataFrame.to_csv()一样的对象方法。

项目目标

- 实验读写文本文件。
- 实验读写 JSON 和 Excel 文件。
- 实验读写 SQL 数据库和 NoSQL 数据库。

PPT：任务 5.1
文本数据读写

任务 5.1　文本数据读写

5.1.1　任务描述

微课 5-1
文本数据读写

Pandas 读写文本文件，获取数据集或写入数据集。

5.1.2　任务分析

文本文件主要包括 CSV 和 TXT 两种，相应主要接口为 pd.read_csv()和 df.to_csv()，分别用于读和写数据集。

5.1.3　任务实现

微课 5-2
文本数据读写
实践操作

1. 写入文本文件

（1）df 对象写入 CSV 文件

```
In [1]:  import numpy as np
         import pandas as pd
         import csv
```

```
In [2]:  score=np.random.randint(30, 100, (4, 5))  #生成 4 名同学，5 门功课的二维数组
         score_df=pd.DataFrame(score)   #使用二维数组构建 DataFrame
         score_df
```

Out[2]:

	0	1	2	3	4
0	97	74	80	43	76
1	62	99	38	84	80
2	86	74	30	43	86
3	76	35	87	80	62

```
In [3]:  #score_df 增加行、列索引
         lessons = ["语文"，"数学"，"英语"，"政治"，"体育"]  #构造列索引序列
         students = ['学生' + str(i) for i in range(score_df.shape[0])]  #构造行索引序列
         df = pd.DataFrame(score, columns=lessons, index=students)
         df
```

Out[3]:

	语文	数学	英语	政治	体育
学生 0	97	74	80	43	76
学生 1	62	99	38	84	80
学生 2	86	74	30	43	86
学生 3	76	35	87	80	62

```
In [4]:  df.to_csv('./datas/score.csv', encoding='ANSI')   #df 写入文本文件 csv
```

```
In [5]:  #显示文本文件内容，看出默认分隔符是逗号。双击文件直接打开查看文件内容
```

```
!type.\datas\score.csv
```

, 语文, 数学, 英语, 政治, 体育

学生 0, 66, 96, 83, 42, 91

学生 1, 65, 43, 91, 61, 81

学生 2, 59, 66, 92, 85, 95

学生 3, 79, 59, 53, 96, 70

In [6]:
```
df.to_csv('./datas/score.txt', encoding='ANSI')   #df 写入文本文件 txt
!type.\datas\score.txt
```

, 语文, 数学, 英语, 政治, 体育

学生 0, 66, 96, 83, 42, 91

学生 1, 65, 43, 91, 61, 81

学生 2, 59, 66, 92, 85, 95

学生 3, 79, 59, 53, 96, 70

In [7]:
```
df.to_csv('./datas/scorenoindex.csv', encoding='ANSI', index=False)   #不保存行索引
!type.\datas\scorenoindex.csv
```

语文, 数学, 英语, 政治, 体育

66, 96, 83, 42, 91

65, 43, 91, 61, 81

59, 66, 92, 85, 95

79, 59, 53, 96, 70

（2）CSV 库写入文本数据到 CSV 文件

In [8]:
```
#使用 csv 库创建 csv 文件
fp=open('./datas/score2.csv', 'w',   newline='')
writer=csv.writer(fp)
writer.writerow(('indexname', '语文', '数学', '英语', '政治', '体育'))
writer.writerow(('学生 0', 46, 36, 84, 89, 87))
writer.writerow(('学生 1', 75, 43, 47, 30, 89))
writer.writerow(('学生 2', 95, 60, 45, 32, 59))
fp.close()
```

In [9]:
```
!type.\datas\score2.csv
```

indexname, 语文, 数学, 英语, 政治, 体育

学生 0, 46, 36, 84, 89, 87

学生 1, 75, 43, 47, 30, 89

学生 2, 95, 60, 45, 32, 59

2. 读取文本文件

（1）Pandas 库读取 CSV 文件

In　[10]:
```
#读取 csv 数据，默认把行索引当作列数据
dfr=pd.read_csv('./datas/score.csv', encoding='ANSI')
dfr
```

Out[10]:

	Unnamed: 0	语文	数学	英语	政治	体育
0	学生 0	66	96	83	42	91
1	学生 1	65	43	91	61	81
2	学生 2	59	66	92	85	95
3	学生 3	79	59	53	96	70

In　[11]:
```
#读取 csv 数据，默认把行索引当作列数据，设置 0 列数据作为行索引
dfr=pd.read_csv('./datas/score.csv', encoding='ANSI', index_col=[0])
dfr
```

Out[11]:

	语文	数学	英语	政治	体育
学生 0	66	96	83	42	91
学生 1	65	43	91	61	81
学生 2	59	66	92	85	95
学生 3	79	59	53	96	70

In　[12]:
```
#pd.read_csv 既可以读取 txt 数据，也可以读取 csv 数据
dftxt=pd.read_csv('./datas/score.txt', encoding='ANSI', index_col=[0])
dftxt
```

Out[12]:

	语文	数学	英语	政治	体育
学生 0	66	96	83	42	91
学生 1	65	43	91	61	81
学生 2	59	66	92	85	95
学生 3	79	59	53	96	70

（2）Pandas 库读取大数据文件

In　[13]:
```
df=pd.read_csv('./datas/titanic.csv')
df.info()  #查看 df 的列索引、行索引、数据类型和占用内存信息等概要信息
```
```
<class'pandas.core.frame.DataFrame'>
RangeIndex: 891 entries, 0 to 890
Data columns(total 12 columns):
 #   Column      Non-Null Count   Dtype
```

| --- | --------- | -------------------- | ------- |
0	PassengerId	891 non-null	int64
1	Survived	891 non-null	int64
2	Pclass	891 non-null	int64
3	Name	891 non-null	object
4	Sex	891 non-null	object
5	Age	714 non-null	float64
6	SibSp	891 non-null	int64
7	Parch	891 non-null	int64
8	Ticket	891 non-null	object
9	Fare	891 non-null	float64
10	Cabin	204 non-null	object
11	Embarked	889 non-null	object

dtypes: float64(2),　int64(5),　object(5)

memory usage: 83.7+KB

In　[14]:
```
#这里假定文件很大，设置 chunksize=100，表示批量加载数据，每批 100 行
chunker=pd.read_csv(open('./datas/titanic.csv'), chunksize=100)
sex=pd.Series([])
for i in chunker:
    print(type(i))    #检验每批 i 是 DataFrame 对象
    sex=sex.add(i['Sex'].value_counts(), fill_value=0)    #两个 Series 对象相加
```

<class'pandas.core.frame.DataFrame'>
<class'pandas.core.frame.DataFrame'>
<class'pandas.core.frame.DataFrame'>
<class'pandas.core.frame.DataFrame'>
<class'pandas.core.frame.DataFrame'>
<class'pandas.core.frame.DataFrame'>
<class'pandas.core.frame.DataFrame'>
<class'pandas.core.frame.DataFrame'>
<class'pandas.core.frame.DataFrame'>

In　[15]:
```
sex
```

Out[15]:　male　　577.0

　　　　　female　314.0

　　　　　dtype: float64

☞　注意：在处理很大文件的时候，需要对文件进行逐块处理。

In　[16]:
```
#pd.read_table 读取文本数据，把 0 列数据作为行索引
dfcsv=pd.read_table('./datas/score.csv', encoding='ANSI', index_col=[0])
dfcsv
```

Out[16]:

, 语文, 数学, 英语, 政治, 体育

学生 0, 68, 80, 82, 95, 54

学生 1, 56, 66, 65, 87, 44

学生 2, 53, 58, 73, 91, 31

学生 3 95, 44, 79, 39, 49

（3）Pandas 库读取 TXT 文件

In [17]:
```
#明确指定分隔符为逗号
dfcsv=pd.read_table('./datas/score.txt', encoding='ANSI', index_col=[0],sep=',')
dfcsv
```

Out[17]:

	语文	数学	英语	政治	体育
学生 0	68	80	82	95	54
学生 1	56	66	65	87	44
学生 2	53	58	73	91	31
学生 3	95	44	79	39	49

5.1.4　知识巩固

1. 读文本文件

读文本文件相关知识请扫描二维码查看。

2. 写入文本文件

写入文本文件相关知识请扫描二维码查看。

拓展阅读 5-1-1　　拓展阅读 5-1-2

任务 5.2　JSON 和 Excel 数据读写

PPT：任务 5.2 JSON 和 Excel 数据读写

5.2.1　任务描述

Pandas 读写 JSON 和 Excel 文件，获取数据集或写入数据集。

5.2.2　任务分析

Pandas 使用 pd.read_json( ) 和 df.to_json( ) 方法读写文件，使用 pd.read_excel( ) 和 df.to_excel( ) 读写 Excel 文件。

微课 5-3 JSON 和 Excel 数据读写

5.2.3　任务实现

JSON 和 Excel 数据读写任务实现请扫描二维码查看。

微课 5-4
JSON 和 Excel
数据读写实践
操作

拓展阅读 5-2-1

5.2.4　知识巩固

1．JSON 字符串格式

JSON 字符串格式相关知识请扫描二维码查看。

2．读取 Excel 文件

读取 Excel 文件相关知识请扫描二维码查看。

拓展阅读 5-2-2　　拓展阅读 5-2-3

PPT：任务 5.3
数据库数据读写

任务 5.3　数据库数据读写

5.3.1　任务描述

① Pandas 读写 SQL 数据库，获取数据集或写入数据集。
② Pymongo 读写 NoSQL 数据库，获取数据集或写入数据集。

微课 5-5
数据库数据读写

5.3.2　任务分析

　　Pandas 使用 pd.read_sql()和 df.to_sql()方法读写关系型数据库，Pymongo 把 df 写入 MongoDB 和从 MongoDB 中加载数据到 df 中。

5.3.3　任务实现

数据库数据读写任务实现请扫描二维码查看。

微课 5-6
数据库数据读
写实践操作　　拓展阅读 5-3-1

5.3.4　知识巩固

1．关系数据库写函数

关系数据库写函数相关知识请扫描二维码查看。

拓展阅读 5-3-2

2. 关系数据库读函数

关系数据库读函数相关知识请扫描二维码查看。

拓展阅读 5-3-3

小结

　　本项目介绍了 Pandas 读写文件和数据库。Pandas 可以读写不同数据源数据，文本文件数据读写主要接口为 df.read_csv() 和 df.to_csv()，Excel 文件数据读写主要接口为 pd.read_excel 和 df.to_excel，JSON 文件数据读写主要接口为 pd.read_json 和 df.to_json，数据库数据读写主要接口为 pd.read_sql() 和 df.to_sql()。

练习

文本：参考答案

一、填空题

1. 将 DataFrame 对象 df 写入文本文件的方法是_____。

2. 从文本文件中读取数据构建 DataFrame 对象的方法是_____。

3. 将 DataFrame 对象 df 转换为 JSON 字符串写入 JSON 文件的方法是_____。

4. 从 JSON 文件中读取数据到 DataFrame 对象的方法是_____。

5. DataFram 对象 df 写入到 Excel 文件方法是_____。

二、选择题

1. 将 DataFrame 对象写入文本文件，分隔符参数 sep 默认值是（　　　）。

　　A．,　　　　　　　　B．;　　　　　　　　C．、　　　　　　　　D.

2. 从文本文件中加载数据到 DataFrame 对象中，数据第 1 行为列名的参数设置（　　　）。

　　A．header=0　　　B．header=None　　　C．encoding='utf-8'　　D．skiprows=1

3. read_json/to_json 方法的参数 orient 共 6 类，控制读写 JSON 字符串的格式，格式是 {column : {index : value}} 的参数值（　　　）。

　　A．'columns'　　　B．'split'　　　　　　C．'records'　　　　　　D．'index'

4. DataFrame 对象写入 Excel 文件，指定 Sheet 名称的参数名是（　　　）。

　　A．sheet_name　　B．index_col　　　　C．usecols　　　　　　D．header

5. df.read_table() 从文件中加载带分隔符的数据，默认分隔符为（　　　）。

　　A．制表符　　　　　B．,　　　　　　　　C．;　　　　　　　　D．-

三、简答题

　　1．简述 pd.read_csv(filepath_or_buffer, sep=',', delimiter=None, header='infer',names=None, index_col=None, usecols=None)方法中各个参数的含义。

　　2．简述 pd.read_sql(sql,con,index_col=None,coerce_float=True,params=None, parse_dates=None, columns=None, chunksize=None)方法中各个参数的含义。

四、程序题

　　请使用 pymysql 模块和 pd.read_sql 方法，读取 MySQL 中 students 数据库中的表 student 到 DataFrame 中，数据库的用户名和密码均为 root。

项目6 Pandas的数据清洗和整理

项目描述

依据业务和问题，使用 Pandas 进行数据的清洗和整理。

项目分析

不管数据来自外部采集，还是内部系统导出，都会出现不规整的部分，如不完整、逻辑矛盾、重复、异常等。在正式分析数据前，需要提前处理这些不规整数据，否则会极大影响数据分析的结果。这部分工作，俗称数据清洗，也是数据质量分析，包括缺失值处理、重复值处理和异常值处理。

数据整理是对原始数据进行清理、组织和转换为所需格式的过程，以使其适合各种用途并具有价值，包括数据集成（合并和连接）、数据重塑和字符串处理。

在数据分析过程中，数据清洗、数据整理往往是必不可少的环节，并且需要花费相当多的时间。

项目目标

- 说明数据清洗的重要性和常见处理方法。
- 实验数据清洗。
- 实验数据合并和连接。
- 实验数据重塑。
- 实验 Pandas 的字符串处理。

任务 6.1 数据清洗

PPT：任务 6.1
数据清洗

微课 6-1
数据清洗

6.1.1 任务描述

① 缺失值检测与处理。
② 重复值检测与处理。
③ 异常值检测与处理。

6.1.2 任务分析

数据分析结果的准确度依赖于数据的质量。获取数据集后，不可避免地需要清洗数据。数据集常常存在数据缺失、数据重复、数据异常或数据错误等情况。那么，如何清洗这些数据呢？

数据清洗前，需要根据业务需求，明确业务相关数据的特定要求，理解数据。数据清洗是对数据进行重新审查和校验的过程，如删除重复信息、纠正存在的错误，并提供数据一致性。数据清洗的目的在于提高数据质量，将脏数据清洗干净，使原数据具有完整性、唯一性、权威性、合法性、一致性等特点。脏数据指的是对数据分析没有实际意义、格式非法、不在指定范围内的数据。数据清洗主要包括缺失值处理、重复值处理和异常值处理。

● 缺失值处理：缺失值的标记方式是 NaN，也可以是 np.nan 或空值 None。检测缺失值方法有 pd.isnull 和 pd.notnull，处理缺失值方法有删除存在缺失值的 pd.dropna 和替换缺失值 pd.fillna。

● 重复值处理：检测重复值方法 pd.duplicated，删除重复值方法 pd.drop_duplicates。

● 异常值处理：异常值指样本中的个别值，其数值明显偏离它所属样本的其余观测值，这些数值可能是不合理的或错误的。检测常用的方法有 3σ 原则（拉依达准则）和箱形图，处理方式可以是直接删除、替换、不处理、视为缺失值的处理。

6.1.3 任务实现

微课 6-2
数据清洗实践
操作

1. 缺失值检测与处理

（1）缺失值检测
缺失值检测函数有 isnull 和 notnull，其可以判断数据集中是否存在空值和缺失值。检测常见案例如下：

● df.isnull().sum()，统计各列有多少缺失值。

- df.isnull().sum().sum()，统计整个 dataframe 有多少缺失值。
- df.isnull().any()，判断各列是否存在缺失值。
- df.isnull().values.any()，判断整个 dataframe 是否存在缺失值。
- df['A'].isnull()，判断 A 列各值是否为缺失值。
- df['A'].notnull()，判断 A 列各值是否为非缺失值。
- df['A'].isnull().values.any()，判断 A 列是否存在缺失值。
- df['A'].isnull().sum()，判断 A 列有多少缺失值。

In [1]:
```
import numpy as np
import pandas as pd
```

In [2]:
```
df= pd.DataFrame([[1, 2, 3], [4, 5, np.nan],
[None, np.NaN, 9], [np.nan, 11, 12]], columns=['A', 'B', 'C'])   #列表构建
df
```

Out[2]:

	A	B	C
0	1.0	2.0	3.0
1	4.0	5.0	NaN
2	NaN	NaN	9.0
3	NaN	11.0	12.0

In [3]:
```
df.isnull()   #返回 DataFrame 类型，True 为缺失值
#df.notnull()   #False 为缺失值
#df.isnull().values   #返回 ndarray
```

Out[3]:

	A	B	C
0	False	False	False
1	False	False	True
2	True	True	False
3	True	False	False

In [4]:
```
#axis=0 表示沿着 index 方向，即行方向移动，axis=1 表示沿着 columns 方向，即列方向移动
df.isnull().sum(axis=0)   #计算每列的缺失值
```

Out[4]:
```
A   2
B   1
C   1
dtype: int64
```

In [5]:
```
df.isnull().sum().sum()   #等价 df.isnull().sum(axis=0).sum()，统计 df 缺失值个数
```

Out[5]:   4

```
In [6]:    df.isnull().values.any()   #df 是否存在缺少值
```

```
Out[6]:    True
```

```
In [7]:    df.isnull().any(axis=0)    #df 各列是否存在缺少值
```

```
Out[7]:    A    True
           B    True
           C    True
           dtype: bool
```

```
In [8]:    df.info()    #查看索引、数据类型和内存信息等信息概况，可以看出是否存在缺失值
           #结果表明，总共 4 条数据，A 列缺失值 4-2=2 个，其他列类推
           <class'pandas.core.frame.DataFrame'>
           RangeIndex: 4 entries, 0 to 3
           Data columns(total 3 columns):
           #   Column   Non-Null Count    Dtype
           --- ---------- --------------------    -------
           0   A        2 non-null        float64
           1   B        3 non-null        float64
           2   C        3 non-null        float64
           dtypes: float64(3)
           memory usage: 224.0 bytes
```

（2）缺失值处理

dropna 函数删除缺失值行或列，fillna 函数替换缺失值，interpolate 函数插值法填补缺失值。删除缺失值常见案例如下：

- df.dropna()，删除含有缺失值的行，默认参数 axis＝0。
- df.dropna(axis=1)，删除含有缺失值的列。
- df.dropna(how = 'all')，how ='all'表示行或列中每个数据都是 NaN 才删除整行或列，how ='any'表示行或列中任何一个数据是 Nan 就删除整行或列。默认参数 axis＝0，表示删除行。
- df.dropna(thresh = 2)，删除每行大于等于两个缺失值的行。

```
In [9]:    df
```

```
Out[9]:
```

	A	B	C
0	1.0	2.0	3.0
1	4.0	5.0	NaN
2	NaN	NaN	9.0
3	NaN	11.0	12.0

```
In [10]:   df.dropna()   #舍弃含有任意缺失值的行
```

Out[10]:

	A	B	C
0	1.0	2.0	3.0

In　[11]: `df.dropna(axis=1)　#舍弃含有任意缺失值的列`

Out[11]:

```
0
1
2
3
```

In　[12]: `df.dropna(thresh=2)　#舍弃超过两栏缺失值的行`

Out[12]:

	A	B	C
0	1.0	2.0	3.0
1	4.0	5.0	NaN
3	NaN	11.0	12.0

In　[13]: `#how='all'，如果一行（或列）每个数据都是 NaN 才去掉这整行（或整列）`
`df.dropna(how='all', axis=1)　#删除全为 NaN 的列`

Out[13]:

	A	B	C
0	1.0	2.0	3.0
1	4.0	5.0	NaN
2	NaN	NaN	9.0
3	NaN	11.0	12.0

In　[14]: `#how='any'，如果一行（或一列）里任何一个数据是 NaN 就删除整行（或列）`
`df.dropna(how='any', axis=0)　#删除行有 NaN 的行`

Out[14]:

	A	B	C
0	1.0	2.0	3.0

替换缺失值常见案例如下：

df.fillna(value=0, inplace=True)，用 0 填补缺失值，inplace=True 会修改原数据。

df['age'].fillna(df['age'].mean())，用年龄平均值填补 age 列缺失值。

df['age'].fillna(df.groupby('gender')['age'].transform('mean'),inplace=True)，根据性别平均年龄填补年龄缺失值，inplace=True 表示修改原数据。

df.fillna(method='pad')，用从前向后填补缺失值（pad 或者 ffill）。

df.fillna(method='bfill',limit=2)，用从后向前填补缺失值（bfill 或者 backfill）。

```
In [15]:    df.fillna(value=0)    #空值填充 0
```

Out[15]:

	A	B	C
0	1.0	2.0	3.0
1	4.0	5.0	0.0
2	0.0	0.0	9.0
3	0.0	11.0	12.0

```
In [16]:    d=df.fillna({'B': 6, 'C': 0}, inplace=False)    #key 表示列：1 表示第 2 列，3 表示第 4 列
            d
```

Out[16]:

	A	B	C
0	1.0	2.0	3.0
1	4.0	5.0	0.0
2	NaN	6.0	9.0
3	NaN	11.0	12.0

```
In [17]:    df.fillna(method='ffill')    #向前传播
```

Out[17]:

	A	B	C
0	1.0	2.0	3.0
1	4.0	5.0	3.0
2	4.0	5.0	9.0
3	4.0	11.0	12.0

```
In [18]:    df['B']=df['B'].fillna(df['B'].mean())    #均值填充
```

```
In [19]:    df
```

Out[19]:

	A	B	C
0	1.0	2.0	3.0
1	4.0	5.0	NaN
2	NaN	6.0	9.0
3	NaN	11.0	12.0

插值法填补缺失值：Series 和 DataFrame 对象都有 interpolate()方法，默认情况下，该函数在缺失值处执行线性插值。这个方法是利用数学方法来估计缺失点的值，对于较大的数据非常有用。插值就是在已知数据之间计算估计值的过程，是一种实用的数值方法，是

函数逼近的重要方法。在信号处理和图形分析中，插值运算的应用较为广泛。

```
In   [20]:   s=pd.Series([0, 1, np.nan, 3])
             s.interpolate()
```

```
Out[20]:     0     0.0
             1     1.0
             2     2.0
             3     3.0
             dtype: float64
```

2. 重复值检测与处理

（1）重复值检测

重复值检测使用 duplicated 函数，用于标记 Pandas 对象的数据是否重复，返回一个由布尔值组成的 Series 对象，它的行索引保持不变，数据变为标记的布尔值。以同一行索引的所有列作为依据进行查找，每列的值都必须一致，该行才会被标记为重复值，常见案例如下：

- df[df.duplicated()]，筛选出重复行。
- df[df.duplicated()==False]，筛选出非重复行。

```
In   [21]:   data={
                 'name':['张三', '李四', '张三', '小明'],
                 'sex':['female', 'male', 'female', 'male'],
                 'year':[2001, 2002, 2001, 2002],
                 'city':['北京', '上海', '北京', '北京']
             }
             df=pd.DataFrame(data)
             df
```

Out[21]:

	name	sex	year	city
0	张三	female	2001	北京
1	李四	male	2002	上海
2	张三	female	2001	北京
3	小明	male	2002	北京

```
In   [22]:   df.duplicated()    #检测是否有重复行
```

```
Out[22]:     0     False
             1     False
             2     True
             3     False
             dtype: bool
```

```
In  [23]:   df[df.duplicated()]   #筛选出重复行
Out[23]:
```

	name	sex	year	city
2	张三	female	2001	北京

```
In  [24]:   df[df.duplicated()==False]   #筛选出非重复行
Out[24]:
```

	name	sex	year	city
0	张三	female	2001	北京
1	李四	male	2002	上海
3	小明	male	2002	北京

（2）重复值处理

重复值处理方式是删除重复值，使用 drop_duplicates 函数，常见案例如下：

- df.drop_duplicates()，删除所有重复值。

- df.drop_duplicates(['sex','year'],keep='last')，只 筛 查 列 ['sex','year'] 值 是 否 重 复，keep='last'参数就是让系统从后向前开始筛查，这样，索引小的重复行会被删除。

```
In  [25]:   df.drop_duplicates()   #删除重复值
Out[25]:
```

	name	sex	year	city
0	张三	female	2001	北京
1	李四	male	2002	上海
3	小明	male	2002	北京

```
In  [26]:   df.drop_duplicates(['sex', 'year'], keep='last')
Out[26]:
```

	name	sex	year	city
2	张三	female	2001	北京
3	小明	male	2002	北京

3. 值替换

值替换是一种常见的数据清洗方式，使用 replace()函数。

```
In  [27]:   data={
              'name':['张三', '李四', '王五', '小明'],
              'sex':['female', 'male', ' ', 'male'],
              'year':[2001, 2003, 2001, 2002],
              'city':['北京', '上海', ' ', '北京']
```

```
}
df=pd.DataFrame(data)
df
```

Out[27]:

	name	sex	year	city
0	张三	female	2001	北京
1	李四	male	2003	上海
2	王五		2001	
3	小明	male	2002	北京

In [28]:
```
df.replace(' ', '不详')
```

Out[28]:

	name	sex	year	city
0	张三	female	2001	北京
1	李四	male	2003	上海
2	王五	不详	2001	不详
3	小明	male	2002	北京

In [29]:
```
#用列表进行多值替换，' '替换成'不详'，'2001'替换成'2002
df.replace([' ', 2001], ['不详', 2002])
#用字典方式多值替换，' '替换成'不详'，'2001'替换成'2002
df.replace({' ': '不详', 2001: 2002})
```

Out[29]:

	name	sex	year	city
0	张三	female	2002	北京
1	李四	male	2003	上海
2	王五	不详	2002	不详
3	小明	male	2002	北京

4. 异常值检测与处理

异常值是指样本中的个别值，其数值明显偏离它所属样本的其余观测值，这些数值是不合理的或错误的。要想确认一组数据中是否有异常值，常用检测方法有 3σ 定律（拉依达准则）和箱形图。3σ 定律是基于正态分布的数据检测，而箱形图没有什么严格要求，可以检测任意一组数据。

（1）3σ 检测异常值

常用侦察方法是 3σ 定律。假设一组检测数据只含有随机误差，对其进行计算处理得到标准偏差，按一定概率确定一个区间，认为凡超过这个区间的误差，就不属于随机误差而是粗大误差，含有该误差的数据应予以剔除，一般而言，这个区间是平均值、正、负 3

个标准差，因此称 3σ 定律。其计算公式如下：

σ =np.sqrt(np.sum(np.square((x-x.mean( ))))/x.shape[0]) 或

σ =np.sqrt((np.square((x-x.mean()))).mean())

In [30]:
```
df=pd.DataFrame(np.random.randint(0, 8, size=12), columns=['X'])
print(df)
df['Y']=1.2*df['X']+0.2
df.iloc[9, 1]=185    #有意修改使其为异常值
df
```

	X
0	0
1	6
2	5
3	4
4	2
5	5
6	6
7	2
8	5
9	0
10	4
11	3

Out[30]:

	X	Y
0	0	0.2
1	6	7.4
2	5	6.2
3	4	5.0
4	2	2.6
5	5	6.2
6	6	7.4
7	2	2.6
8	5	6.2
9	0	185.0
10	4	5.0
11	3	3.8

In [31]:
```
#检测一个 Series 是否有异常值，s 表示传入 DataFrame 的某一列
def three_sigma(s):
    #求平均值
```

```
mean_value=s.mean()
#求标准差
std_value=s.std()
#位于（μ-3σ，μ+3σ）区间的数据是正常的，不在这个区间的数据为异常的
#s 中的数值小于μ-3σ 或大于μ+3σ 均为异常值
#表达式计算生成布尔数组，异常值就标注为 True，否则标注为 False
rule=(mean_value-3*std_value>s)|(s.mean()+3*s.std()<s)
#返回异常值的位置索引
index=np.arange(s.shape[0])[rule]
#获取异常数据
outrange=s.iloc[index]
#或者 return s[rule]
return outrange
```

In　[32]:　`three_sigma(df['X'])`　　#X 列无异常值

Out[32]:　Series([], Name: X, dtype: int32)

In　[33]:　`three_sigma(df['Y'])`　　#Y 列的异常值

Out[33]:　9　　　185.0
　　　　　Name: Y, dtype: float64

（2）箱形图检测异常值

箱形图是一种用作显示一组数据分散情况的统计图，离散点表示的是异常值。

In　[34]:　`#使用箱形图检测是否有异常值`
　　　　　`df.boxplot(column=['X', 'Y'])`

Out[34]:　<matplotlib.axes._subplots.AxesSubplot at 0x28440a0aac8>

运行结果如图 6-1 所示，离散点有一个，即有一个异常值。

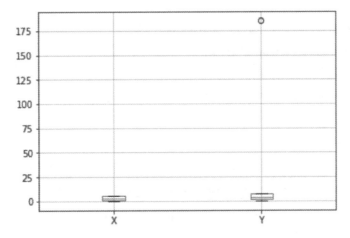

图 6-1　箱形图检测异常值

6.1.4　知识巩固

1. 两种丢失的数据

数据分析中有两种丢失数据，None 和 np.nan(np.NaN)，两种丢失数据的区别如下：
- None 是 Python 自带的，其类型为 python object，不能参与任何计算。
- np.nan(np.NaN)是浮点类型，能参与计算，但计算的结果总是 NaN。
- Pandas 中 None 与 np.nan 都视为 np.nan，遇到 None 空值直接转换为 NaN。
- Pandas 的统计函数，直接忽略带 NaN 的列值来运算。

2. 数据质量问题

数据质量问题主要如下：
① 完整性问题，如某列有缺失值、重要特征字段的缺失等。
② 唯一性问题，如同样信息的数据列有不同来源，出现重复情况；相同数据被重复记录。
③ 合法性问题，如数据中的购买数量为负值，或者年龄为 200。
④ 一致性问题，同一列数据或内容的格式、单位、命名方式等需要一致，例如不同数据单位：三居、三室。

任务 6.2　数据合并和连接

PPT：任务 6.2
数据合并和连接

6.2.1　任务描述

① 使用 concat 横向或纵向合并 Pandas 数据对象。
② 使用 merge 连接 Pandas 数据对象。
③ 使用 join 连接 Pandas 数据对象。
④ 使用 combine 填充合并 Pandas 数据对象。

微课 6-3
数据合并和
连接

6.2.2　任务分析

如果数据由多张表或多个文件组成，有时需要将不同的内容合并和连接在一起分析。Pandas 的数据合并和连接主要有以下 3 种情况。
- concat：将多个 Pandas 对象（DataFrame/Series）在横向或纵向合并成一个，合并方式有并集或交集。

- merge：将两个 Pandas 对象按 key 连接成一个 Pandas 对象，功能相当于 SQL 的 join 命令，既可以使用列，也可以使用行索引。
- combine：将 Pandas 对象填充合并。

6.2.3　任务实现

微课 6-4
数据合并和连接
实践操作

1. concat 合并

concat 合并数据对象：沿着某个轴向（axis=0/1）将多个对象进行堆叠成一个。axis=0 表示按纵向堆叠，axis=1 表示按横向堆叠。

合并方式包括 inner 和 outer，inner 为交集，outer 为并集。纵向堆叠时，合并方式指的是列索引的合并方式；横向堆叠时，合并方式指的是行索引合并方式。

concat 合并和关系数据库的连接是不同的。

```
In  [1]:  import numpy as np
          import pandas as pd
```

```
In  [2]:  df1=pd.DataFrame({'A': ['A0', 'A1', 'A2', 'A3'],
                             'B': ['B0', 'B1', 'B2', 'B3'],
                             'C': ['C0', 'C1', 'C2', 'C3'],
                             'D': ['D0', 'D1', 'D2', 'D3'],
                             'E': ['E0', 'E1', 'E2', 'E3']
                             }
                            index=[0, 1, 2, 3])
```

```
In  [3]:  df2=pd.DataFrame({'A': ['A4', 'A5', 'A6', 'A7'],
                             'B': ['B4', 'B5', 'B6', 'B7'],
                             'C': ['C4', 'C5', 'C6', 'C7'],
                             'D': ['D4', 'D5', 'D6', 'D7'],}
                            index=[4, 5, 6, 7])
```

```
In  [4]:  df3=pd.DataFrame({'A': ['A8', 'A9', 'A10', 'A11'],
                             'B': ['B8', 'B9', 'B10', 'B11'],
                             'C': ['C8', 'C9', 'C10', 'C11'],
                             'D': ['D8', 'D9', 'D10', 'D11'],}
                            index=[8, 9, 10, 11])
```

（1）按行堆叠合并

默认按行合并，默认参数值为 axis=0、join=outer、ignore_index=False。

```
In  [5]:  frames=[df1, df2 ,df3]
          result=pd.concat(frames)   #默认参数值合并，纵向堆叠与列索引使用外连接方式合并
```

按行堆叠合并图解过程如图 6-2 所示，对应代码单元 2～5。

df1

	A	B	C	D
0	A0	B0	C0	D0
1	A1	B1	C1	D1
2	A2	B2	C2	D2
3	A3	B3	C3	D3

df2

	A	B	C	D
4	A4	B4	C4	D4
5	A5	B5	C5	D5
6	A6	B6	C6	D6
7	A7	B7	C7	D7

df3

	A	B	C	D
8	A8	B8	C8	D8
9	A9	B9	C9	D9
10	A10	B10	C10	D10
11	A11	B11	C11	D11

result

	A	B	C	D
0	A0	B0	C0	D0
1	A1	B1	C1	D1
2	A2	B2	C2	D2
3	A3	B3	C3	D3
4	A4	B4	C4	D4
5	A5	B5	C5	D5
6	A6	B6	C6	D6
7	A7	B7	C7	D7
8	A8	B8	C8	D8
9	A9	B9	C9	D9
10	A10	B10	C10	D10
11	A11	B11	C11	D11

图 6-2　concat_axis0

```
In [6]:  df4=pd.DataFrame({'A': ['A12', 'A13', 'A14'],
                           'F': ['F12', 'F13', 'F14']},
                          index=[12, 13, 14])
```

```
In [7]:  result=pd.concat([df1, df4], axis=0, join='inner')   #纵向堆叠与列索引使用内连接方式
         合并
         result
```

Out[7]:

	A
0	A0
1	A1
2	A2
3	A3
12	A12
13	A13
14	A14

（2）使用 keys 标识对象

使用 keys 可以标识合并后的数据来自哪个数据对象。

```
In  [8]: result=pd.concat(frames, keys=['x', 'y', 'z'])
         result
```

使用 keys 标识对象图解过程如图 6-3 所示，x、y、z 行索引分别标识合并后的数据来自哪个原对象，对应代码单元 8。

图 6-3　concat_keys 标识对象

```
In  [9]: result.loc['y']    #取 y 关键字对应的 df
Out[9]:
```

	A	B	C	D	E
4	A4	B4	C4	D4	NaN
5	A5	B5	C5	D5	NaN
6	A6	B6	C6	D6	NaN
7	A7	B7	C7	D7	NaN

（3）按列堆叠合并

按列合并，合并连接使用行索引外连接，参数 axis=1。

```
In  [10]:   df4=pd.DataFrame({'B': ['B2', 'B3', 'B6', 'B7'],
                              'D': ['D2', 'D3', 'D6', 'D7'],
                              'F': ['F2', 'F3', 'F6', 'F7']},
                              index=[2, 3, 6, 7])
```

```
In  [11]:   result=pd.concat([df1, df4], axis=1)   #横向堆叠，行索引使用外连接方式
```

按列堆叠合并图解过程如图 6-4 所示，默认使用行索引外连接、列堆叠，对应代码单元 10～11。

图 6-4　按列堆叠合并

（4）内连接合并堆叠

内连接合并，设置 join=inner，过滤掉不匹配的行或列。

```
In  [12]:   result=pd.concat([df1, df4], axis=1, join='inner')   #横向堆叠，行索引使用内连接方式
```

内连接横向合并堆叠图解过程如图 6-5 所示，行索引内连接，列堆叠，对应代码单元 12。

图 6-5　内连接合并堆叠

（5）忽略原来的索引

设置 ignore_index=True，忽略原来的索引，重新生成排列索引。

```
In  [13]:   result=pd.concat([df1, df4], ignore_index=True)
            result
```

忽略原来的索引纵向合并堆叠图解过程如图 6-6 所示，行位置索引重新生成，纵向堆叠，对应代码单元 13。

df1

	A	B	C	D
0	A0	B0	C0	D0
1	A1	B1	C1	D1
2	A2	B2	C2	D2
3	A3	B3	C3	D3

df4

	B	D	F
2	B2	D2	F2
3	B3	D3	F3
6	B6	D6	F6
7	B7	D7	F7

result

	A	B	C	D	F
0	A0	B0	C0	D0	NaN
1	A1	B1	C1	D1	NaN
2	A2	B2	C2	D2	NaN
3	A3	B3	C3	D3	NaN
4	NaN	B2	NaN	D2	F2
5	NaN	B3	NaN	D3	F3
6	NaN	B6	NaN	D6	F6
7	NaN	B7	NaN	D7	F7

图 6-6　忽略原来的索引纵向合并堆叠

（6）DataFrame 和 Series 合并

In　[14]:	sl=pd.Series(['X0', 'X1', 'X2', 'X3'],name='X')

In　[15]:	result=pd.concat([df1, s1], axis=1)

DataFrame 对象和 Series 对象横向合并堆叠图解过程如图 6-7 所示，行索引外连接，列堆叠，对应代码单元 14～15。

df1

	A	B	C	D
0	A0	B0	C0	D0
1	A1	B1	C1	D1
2	A2	B2	C2	D2
3	A3	B3	C3	D3

s1

	X
0	X0
1	X1
2	X2
3	X3

result

	A	B	C	D	X
0	A0	B0	C0	D0	X0
1	A1	B1	C1	D1	X1
2	A2	B2	C2	D2	X2
3	A3	B3	C3	D3	X3

图 6-7　DataFrame 对象和 Series 对象横向合并堆叠

（7）append 只能按行合并

In　[16]:	result=df1.append(df4) result

Out[16]:

	A	B	C	D	E	F
0	A0	B0	C0	D0	E0	NaN
1	A1	B1	C1	D1	E1	NaN

2	A2	B2	C2	D2	E2	NaN
3	A3	B3	C3	D3	E3	NaN
2	NaN	B2	NaN	D2	NaN	F2
3	NaN	B3	NaN	D3	NaN	F3
6	NaN	B6	NaN	D6	NaN	F6
7	NaN	B7	NaN	D7	NaN	F7

2. merge 连接

merge 功能类似 SQL 的 join，将不同的表根据关键字连接成一个表。

（1）等值内连接

In	[17]:	`left=pd.DataFrame({'key': ['K0', 'K1', 'K2', 'K3'],`
		`'A': ['A0', 'A1', 'A2', 'A3'],`
		`'B': ['B0', 'B1', 'B2', 'B3']})`

In	[18]:	`right=pd.DataFrame({'key': ['K0', 'K1', 'K2', 'K3'],`
		`'C': ['C0', 'C1', 'C2', 'C3'],`
		`'D': ['D0', 'D1', 'D2', 'D3']})`

In	[19]:	*#默认等值连接，类似 SQL 等值连接，左边和右边的 key 值相等，数据才会出现在结果中* `result=pd.merge(left, right, on='key')`

merge 等值内连接图解过程如图 6-8 所示，内连接关键字是 key，对应代码单元 17~19。

left

	key	A	B
0	K0	A0	B0
1	K1	A1	B1
2	K2	A2	B2
3	K3	A3	B3

right

	key	C	D
0	K0	C0	D0
1	K1	C1	D1
2	K2	C2	D2
3	K3	C3	D3

result

	key	A	B	C	D
0	K0	A0	B0	C0	D0
1	K1	A1	B1	C1	D1
2	K2	A2	B2	C2	D2
3	K3	A3	B3	C3	D3

图 6-8　merge 等值内连接

In	[20]:	`left=pd.DataFrame({'key1': ['K0', 'K0', 'K1', 'K2'],`
		`'key2': ['K0', 'K1', 'K0', 'K1'],`
		`'A': ['A0', 'A1', 'A2', 'A3'],`
		`'B': ['B0', 'B1', 'B2', 'B3']})`

In	[21]:	`right=pd.DataFrame({'key1': ['K0', 'K1', 'K1', 'K2'],`
		`'key2': ['K0', 'K0', 'K0', 'K0'],`
		`'C': ['C0', 'C1', 'C2', 'C3'],`
		`'D': ['D0', 'D1', 'D2', 'D3']})`

In　[22]:　result=pd.merge(left, right, on=['key1', 'key2'])　#多个关键字等值连接，默认 how='inner'

merge 等值多关键字内连接图解过程如图 6-9 所示，内连接关键字是 key1 和 key2，对应代码单元 20～22。

图 6-9　merge 等值内连接

（2）等值左连接

In　[23]:　#类似 SQL 左连接，左边的都会出现在结果中，右边的如果无法匹配则为 MaN
result=pd.merge(left, right, how='left', on=['key1', 'key2'])

merge 等值左连接图解过程如图 6-10 所示，how='left'表示左连接，对应代码单元 23。

图 6-10　merge 等值左连接

（3）等值右连接

In　[24]:　#类似 SQL 右连接，右边的都会出现在结果中，左边的如果无法匹配则为 NaN
result=pd.merge(left, right, how='right', on=['key1', 'key2'])

merge 等值右连接图解过程如图 6-11 所示，how='right'表示右连接，对应代码单元 24。

图 6-11　merge 等值右连接

（4）等值外连接

In [25]: *#类似 SQL 外连接，左边、右边的都会出现在结果中，如果无法匹配则为 NaN*
result=pd.merge(left, right, how='outer', on=['key1', 'key2'])

merge 等值外连接图解过程如图 6-12 所示，how='outer' 表示外连接，对应代码单元 25。

left

	key1	key2	A	B
0	K0	K0	A0	B0
1	K0	K1	A1	B1
2	K1	K0	A2	B2
3	K2	K1	A3	B3

right

	key1	key2	C	D
0	K0	K0	C0	D0
1	K1	K0	C1	D1
2	K1	K0	C2	D2
3	K2	K0	C3	D3

result

	key1	key2	A	B	C	D
0	K0	K0	A0	B0	C0	D0
1	K0	K1	A1	B1	NaN	NaN
2	K1	K0	A2	B2	C1	D1
3	K1	K0	A2	B2	C2	D2
4	K2	K1	A3	B3	NaN	NaN
5	K2	K0	NaN	NaN	C3	D3

图 6-12 merge 等值外连接

3. join 连接

默认按行索引匹配连接，也可以通过列来连接匹配。join() 和 merge() 一样，是横向拼接，只能进行数据匹配，即可以添加列，不能添加行，并且支持 how 的 4 种模式。其实，join() 就是 merge() 的一种封装，后台调用的正是 merge()。只是为了行索引匹配调用更为简单，才有了 join()。

4 种连接的区别如图 6-13 所示，与关系数据库的 4 种连接含义一致。

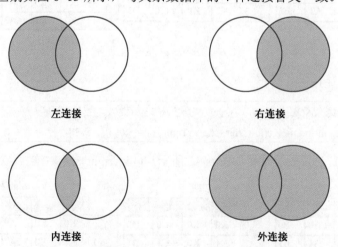

左连接 右连接 内连接 外连接

图 6-13 4 种连接

（1）Joining on index

join() 方法默认是基于行索引连接的，因此需要先设置两表的 index 列。

```
In  [26]:  left=pd.DataFrame({'A': ['A0', 'A1', 'A2'],
                              'B': ['B0', 'B1', 'B2']},
                              index=['K0', 'K1', 'K2'])
           left
```

Out[26]:

	A	B
K0	A0	B0
K1	A1	B1
K2	A2	B2

```
In  [27]:  right=pd.DataFrame({'C': ['C0', 'C2', 'C3'],
                               'D': ['D0', 'D2', 'D3']},
                               index=['K0', 'K2', 'K3'])
           right
```

Out[27]:

	C	D
K0	C0	D0
K2	C2	D2
K3	C3	D3

```
In  [28]:  #根据行索引内连接
           #等价 pd.merge(left, right, left_index=True, right_index=True, how='inner')
           #如果两个 df 的列名有一样的，则需要指定 lsuffix 和 rsuffix 以区分列名来自哪个 df
           result=left.join(right, how='inner')
           result
```

Out[28]:

	A	B	C	D
K0	A0	B0	C0	D0
K2	A2	B2	C2	D2

join 内连接图解过程如图 6-14 所示，默认行索引匹配，对应代码单元 26～28。

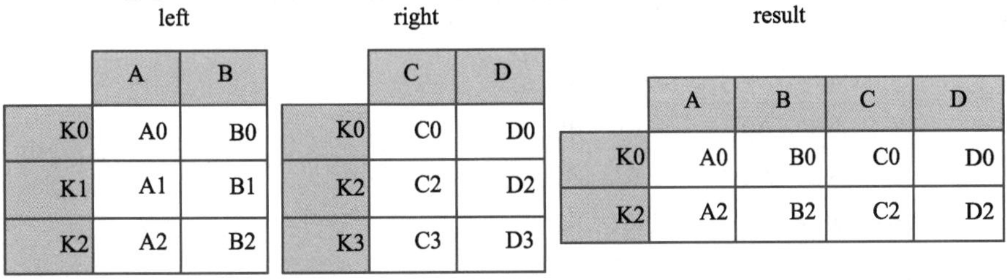

图 6-14 join 内连接

（2）Joining key columns on an index

jion 左边数据对象的列值与右边行索引名连接。

```
In [29]: left=pd.DataFrame({'A': ['A0', 'A1', 'A2', 'A3'],
                            'B': ['B0', 'B1', 'B2', 'B3'],
                            'key': ['K0', 'K1', 'K0', 'K1']})
```

```
In [30]: right=pd.DataFrame({'C': ['C0', 'C1'],
                             'D': ['D0', 'D1']},
                            index=['K0', 'K1'])
```

```
In [31]: #等价 result=pd.merge(left, right, left_on='key', right_index=True, how='left', sort=False)
         result=left.join(right, on='key')  #left 的 key 列和 right 的行索引连接，key 必须是左边列
```

join 左连接图解过程如图 6-15 所示，列值与行索引左连接，对应代码单元 29~31。

left					right				result				
	A	B	key			C	D			A	B	key	C	D
0	A0	B0	K0						0	A0	B0	K0	C0	D0
1	A1	B1	K1		K0	C0	D0		1	A1	B1	K1	C1	D1
2	A2	B2	K0		K1	C1	D1		2	A2	B2	K0	C0	D0
3	A3	B3	K1						3	A3	B3	K1	C1	D1

图 6-15　join 左连接

```
In [32]: df=pd.DataFrame({'key': ['K8', 'K1', 'K2', 'K3', 'K4', 'K5'],
                          'A': ['A0', 'A1', 'A2', 'A3', 'A4', 'A5']})
```

```
In [33]: other=pd.DataFrame({'key': ['K0', 'K1', 'K2'],
                             'B': ['B0', 'B1', 'B2']})
```

```
In [34]: #默认根据行索引匹配
         #df.join(other, how='inner') 错，因为两个 df 的列名有一样的 key，需指定前缀
         df.join(other, how='inner', lsuffix='df_', rsuffix='other_')
```

Out[34]:

	keydf_	A	keyother_	B
0	K8	A0	K0	B0
1	K1	A1	K1	B1
2	K2	A2	K2	B2

（3）join 的列连接

列连接指数据对象的列关键字之间连接，但 join 默认情况只有行索引之间连接、列值

与行索引之间连接。

In　[35]:
```
#如何实现列连接呢？列连接，需要把列转换成行索引
df.set_index('key').join(other.set_index('key'))
```

Out[35]:

	A	B
key		
K8	A0	NaN
K1	A1	B1
K2	A2	B2
K3	A3	NaN
K4	A4	NaN
K5	A5	NaN

In　[36]:
```
#如何实现列连接？把other的列转换成行索引，key必须是df的列
df.join(other.set_index('key'),on='key', how='inner')
```

Out[36]:

	key	A	B
1	K1	A1	B1
2	K2	A2	B2

4．填充合并

（1）combine_first 填充合并

df1.combine_first(df2)填充合并，使用 df2 的非 null 值填充 df1 同一位置空值来组合两个 DataFrame 对象，返回的 DataFrame 的行索引和列索引是两者的并集，同一位置指行列索引值一致。

如果 df1 中数据非空，则结果保留 df1 中的数据；如果 df1 中的数据为空值，则结果取 df2 中同一位置的数据；如果 df1 和 df2 中同一位置数据都为空值，则保留空值。

In　[37]:
```
df1=pd.DataFrame({'A': [None, 0], 'B': [None, 4]})
df1
```

Out[37]:

	A	B
0	NaN	NaN
1	0.0	4.0

In　[38]:
```
df2=pd.DataFrame({'A': [1, 1], 'B': [3, np.nan]})
df2
```

Out[38]:

	A	B
0	1	3.0

```
                1    1    NaN
```

In   [39]: `df1.combine_first(df2)`

Out[39]:

	A	B
0	1.0	3.0
1	0.0	4.0

In   [40]: `df1=pd.DataFrame({'A': [None, 0], 'B': [4, None]})`
                 `df1`

Out[40]:

	A	B
0	NaN	4.0
1	0.0	NaN

In   [41]: `df2=pd.DataFrame({'B': [5, 3], 'C': [1, 1]},index=[1, 2])`
                 `df2`

Out[41]:

	B	C
1	5	1
2	3	1

In   [42]: `#填充要求行索引和列索引位置一致，如果该空值的位置在其他位置不存在，则空值仍然存在`
                 `df1.combine_first(df2)`

Out[42]:

	A	B	C
0	NaN	4.0	NaN
1	0.0	5.0	1.0
2	NaN	3.0	1.0

（2）combine 填充合并

df1.combine(df2, func)填充合并，df1 基于传递的函数执行与 df2 的逐列组合。使用 func()函数将 df1 与 df2 组合到按元素组合的列，生成的 DataFrame 的行索引和列标签将是两者的并集。

Func()函数的参数是两个 Series，分别来自两个 DataFrame 的列，返回结果是合并之后的 Series，在函数中实现合并的规则。

In   [43]: `df1=pd.DataFrame({'A': [5, 0], 'B': [None, 6]})`
                 `df1`

Out[43]:

	A	B
0	5	NaN

```
                1   0    6.0
```

In [44]:
```
df2=pd.DataFrame({'A': [1, 1], 'B': [3, 2]})
df2
```

Out[44]:

	A	B
0	1	3
1	1	2

In [45]:
```
take_smaller=lambda s1, s2: s2 if s1.sum() < s2.sum() else s1
```

In [46]:
```
#使用选择较大列的简单函数进行组合
df1.combine(df2, take_smaller)
```

Out[46]:

	A	B
0	5	NaN
1	0	6.0

In [47]:
```
#fill_value：在将列传递给合并函数之前，先用 fill_value 填充 df1、df2 中所有列的值
#再按传入的函数进行合并操作
df1=pd.DataFrame({'A': [0, None], 'B': [None, 4]})
df2=pd.DataFrame({'A': [1, None], 'B': [None, 3]})
df1.combine(df2, take_smaller, fill_value=-2)
```

Out[47]:

	A	B
0	1.0	-2.0
1	-2.0	4.0

In [48]:
```
#overwrite=False，不处理缺少的列，缺少是指 df1 中有而 df2 中没有该列，df1 中 A 列
#原样返回
df1=pd.DataFrame({'A': [1, 11], 'B': [4, 44]})
df2=pd.DataFrame({'B': [3, 33], 'C': [-10, 1], }, index=[1, 2])
df1.combine(df2, take_smaller, fill_value=7, overwrite=False)
```

Out[48]:

	A	B	C
0	1.0	4.0	7.0
1	11.0	44.0	7.0
2	NaN	7.0	7.0

combine()方法可以自定义合并的规则。当需要合并两个相似的数据集，且两个数据集中的数据各有一部分是目标数据时，很适合使用 combine()方法。例如，df1 中的数据比 df2 中多，但 df1 中的部分数据质量不如 df2 中高，就可以使用 combine()方法。

6.2.4　知识巩固

1. 合并函数

合并函数相关知识请扫描二维码查看。

2. 连接函数

连接函数相关知识请扫描二维码查看。

拓展阅读 6-2-1

拓展阅读 6-2-2

3. 填充函数

填充函数相关知识请扫描二维码查看。

4. 合并连接函数比较

合并连接函数比较相关知识请扫描二维码查看。

拓展阅读 6-2-3

拓展阅读 6-2-4

任务 6.3　数据重塑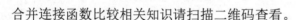

PPT：任务 6.3
数据重塑

6.3.1　任务描述

① 简单的数据透视表。
② 数据透视表。
③ 行列旋转。

微课 6-5
数据重塑

6.3.2　任务分析

数据分析中，常常需要对原数据进行变形，因为当前数据的展示形式不是所期望的维度。数据变形的目的是产生更直观或新的业务提示逻辑。

将列式数据变成二维交叉形式，便于分析，称为重塑或透视。简单而言，数据重塑就是对原数据进行变形。

本次任务主要学习 df.pivot / pd.pivot_table、df.stack / df.unstack 等多种数据变形方法。

6.3.3　任务实现

1. 非统计数据透视

微课 6-6
数据重塑实践
操作

pivot 将原始 DataFrame 重塑，不做汇总统计数据透视，返回一个新的 DataFrame。

In	[1]:	import numpy as np import pandas as pd

| In | [2]: | KV={'foo': ['one', 'one', 'one','two', 'two', 'two'],
　　　　　'bar': ['A', 'B', 'C', 'A', 'B', 'C'],
　　　　　'baz': [1, 2, 3, 4, 5, 6]
　　　　　'zoo': ['x', 'y', 'z', 'q', 'w', 't']
　　　　　}
df=pd.DataFrame(KV) |

| In | [3]: | #唯一化处理 foo 列值为 index，以 bar 列中的值 A、B 和 C 来作为列名，展示 DataFrame
中 baz 列数据
dfp=df.pivot(index='foo', columns='bar', values='baz')
dfp |

Out[3]:

bar	A	B	C
foo			
one	1	2	3
two	4	5	6

pivot 数据透视图解过程如图 6-16 所示，对应代码单元 2～3。

Pivot

df.pivot(index='foo',
columns='bar',
values='baz')

df

	foo	bar	baz	zoo
0	one	A	1	x
1	one	B	2	y
2	one	C	3	z
3	two	A	4	q
4	two	B	5	w
5	two	C	6	t

bar	A	B	C
foo			
one	1	2	3
two	4	5	6

本页彩图

图 6-16　pivot 数据透视

In	[4]:	dfp.index.name

Out[4]: 'foo'

In	[5]:	dfp.columns.name

Out[5]: 'bar'

| In | [6]: | #只指定必填参数 columns。原 index 不变，以 bar 列的值作为新 DataFrame 的列名
#默认将其余所有列作为 values，缺失值以 np.nan 替代，展示 DataFrame 中数据
df.pivot(columns='bar') |

Out[6]:

	foo			baz			zoo		
bar	A	B	C	A	B	C	A	B	C
0	one	NaN	NaN	1.0	NaN	NaN	x	NaN	NaN
1	NaN	one	NaN	NaN	2.0	NaN	NaN	y	NaN
2	NaN	NaN	one	NaN	NaN	3.0	NaN	NaN	z
3	two	NaN	NaN	4.0	NaN	NaN	q	NaN	NaN
4	NaN	two	NaN	NaN	5.0	NaN	NaN	w	NaN
5	NaN	NaN	two	NaN	NaN	6.0	NaN	NaN	t

2. 统计数据透视

用 pivot 只能对数据进行变形整理，但经常还需要做聚合分析。pivot_table 功能比 pivot/groupby 函数更为完善，除了可以处理重复值，关键在于引入了多层索引。piovt_table 制表完成之后返回的是 DataFrame，方便下一步使用，如基于 Pandas 画图。pivot_table 类似 Excel 的高级数据透视功能。

In [7]:
```
df=pd.DataFrame({"A": ["foo", "foo", "foo", "foo", "foo",
                       "bar", "bar", "bar", "bar"],
                 "B": ["one", "one", "one", "two", "two",
                       "one", "one", "two", "two"],
                 "C": ["small", "large", "large", "small",
                       "small", "large", "small", "small",
                       "large"],
                 "D": [1, 2, 2, 3, 3, 4, 5, 6, 7],
                 "E": [2, 4, 5, 5, 6, 6, 8, 9, 9]})
```

In [8]:
```
table=pd.pivot_table(df, values='D', index=['A', 'B'],
                     columns=['C'], aggfunc=np.sum, fill_value=0)
table
```

Out[8]:

	C	large	small
A	B		
bar	one	4	5
	two	7	6
foo	one	4	1
	two	o	6

对 values 中不同的列，还可以进行不同的处理方式，或者对 D 列进行求均值，对 E 求多个统计指标。

In [9]:
```
#字典传入多列的汇总
#aggfun 指定汇总的处理方式，默认是求均值
table=pd.pivot_table(df, index=['A', 'C'],
        aggfunc={'D': np.mean,
        'E': np.sum})
table
```

Out[9]:

		D	E
A	C		
bar	large	5.500000	15
	small	5.500000	17
foo	large	2.000000	9
	small	2.333333	13

In [10]:
```
#字典传入多列的汇总
table=pd.pivot_table(df, index=['A', 'C'],
        values=['D', 'E'],
        aggfunc={'D': np.mean,  #aggfun 指定汇总的处理方式，默认是求均值
            'E': [np.min, np.max, np.mean]})  #列表传入多种汇总方式
table
```

Out[10]:

		D	E		
		mean	amax	amin	mean
A	C				
bar	large	5.500000	9.0	6.0	7.500000
	small	5.500000	9.0	8.0	8.500000
foo	large	2.000000	5.0	4.0	4.500000
	small	2.333333	6.0	2.0	4.333333

In [11]:
```
#画条形图 barchart
#分类汇总可以很好地展示数据，pivot_table 函数也可以，因其返回的是一个多层索引的 DataFrame
table.plot.bar(y=['D', 'E'], rot=45, figsize=(6, 4), fontsize=(8))
```

Out[11]: <matplotlib.axes._subplots.AxesSubplot at 0x21985e240f0>

运行结果如图 6-17 所示，对应代码单元 10～11。

3. 行列旋转

（1）列旋转为行

stack 将 dataframe 中的列旋转为行，默认将最内层（level=-1）列索引旋转变成最内层行索引。

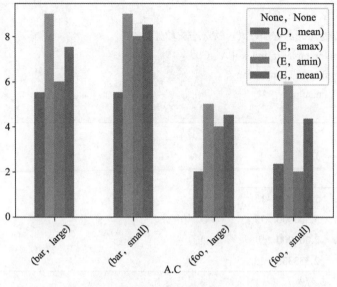

本页彩图

图 6-17 条形图

In [12]:
```
tuples=list(zip(['bar', 'bar', 'baz', 'baz'],
                ['one', 'two', 'one', 'two']))
tuples
```

Out[12]: [('bar', 'one'), ('bar', 'two'), ('baz', 'one'), ('baz', 'two')]

In [13]:
```
index=pd.MultiIndex.from_tuples(tuples, names=['first', 'second'])
```

In [14]:
```
df2=pd.DataFrame([[1, 2], [3, 4], [5, 6], [7, 8]], index=index, columns=['A', 'B'])
df2
```

Out[14]:

		A	B
first	second		
bar	one	1	2
	two	3	4
baz	one	5	6
	two	7	8

In [15]:
```
stacked=df2.stack()  #默认将最内层（这里最内层是 0 级）列索引旋转成最内层行索引
#可以指定将哪一级列索引转换成最内存行索引
#这里 df2 的列索引只有一级，即 level==0，所以 df2.stack()==df2.stack(0)
#df2.stack()==df2.stack(-1)-1 表示最内层列索引
stacked
```

Out[15]:
```
first  second
bar    one     A    1
               B    2
```

	two	A	3
		B	4
baz	one	A	5
		B	6
	two	A	7
		B	8

dtype: int64

stack 将列旋转为行图解过程如图 6-18 所示，对应代码单元 14～15。

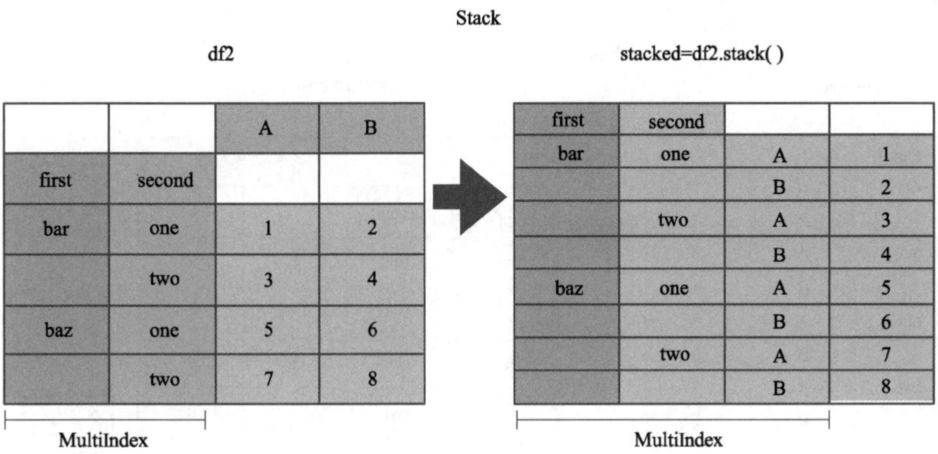

图 6-18　stack 列旋转为行

（2）行旋转为列

unstack 将 dataframe 中行旋转为列，默认将最内层（level=-1）的行索引旋转变成最内层列索引。

In	[16]:	df2.stack().index.levels[0] 　*#查看 0 级行索引，去重*

Out[16]:	Index(['bar', 'baz'], dtype='object', name='first')

In	[17]:	df2.stack().index.get_level_values(0)　　*#方法返回特定级别每个位置的标签向量*

Out[17]:	Index(['bar', 'bar', 'bar', 'bar', 'baz', "baz', 'baz', 'baz'], dtype='object', name='first')

In	[18]:	df2.stack().index.levels[1]

Out[18]:	Index(['one', 'two'], dtype='object', name='second')

In	[19]:	stacked.unstack()　*#默认最内层行索引旋转成最内层列索引* *#stacked 的行索引有 3 层，最内层 level=2, stacked.unstack()==stacked.unstack(2)* *#stacked.unstack()==stacked.unstack(-1)*

Out[19]:

		A	B
first	second		
bar	one	1	2
	two	3	4
baz	one	5	6
	two	7	8

unstack 将列旋转为行图解过程如图 6-19 所示，对应代码单元 19。

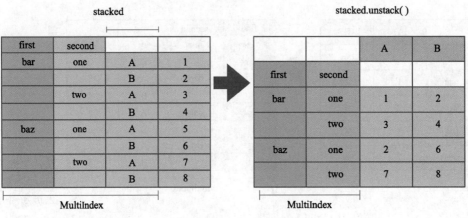

本页彩图

图 6-19　unstack 行旋转为列

（3）指定层级旋转

stack 和 unstack 默认旋转轴的级别为最低级别（即最内层，level=-1），可以通过 level 指定哪一层或哪些层的旋转。

In　[20]: `stacked.unstack(1)　#level=1 的行索引旋转为列索引`

Out[20]:

	second	one	two
first			
bar	A	1	3
	B	2	4
baz	A	5	7
	B	6	8

unstack 指定层级将列旋转为行图解过程如图 6-20 所示，对应代码单元 20。

stack 和 unstack 方法隐式地对涉及的索引进行排序。因此，调用 stack 然后取消 stack，或反之亦然，将生成原始数据帧或序列的按索引已排序副本。

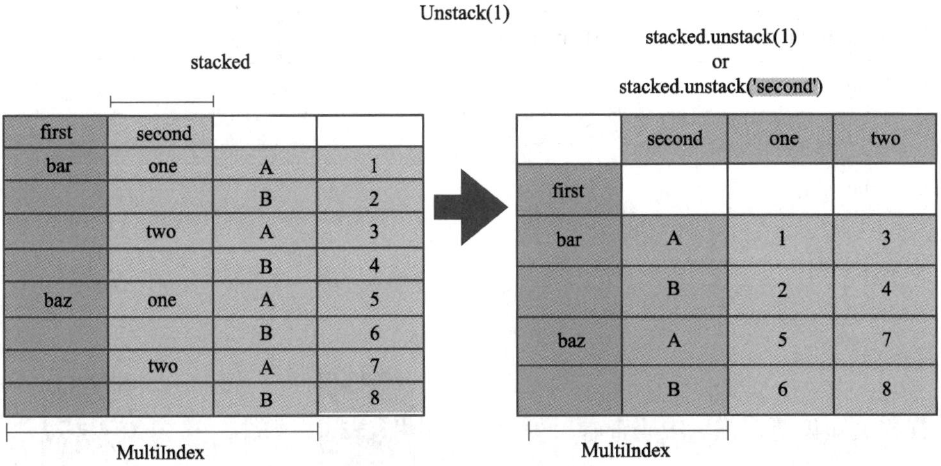

图 6-20　unstack_axis1

In　[21]:　`index=pd.MultiIndex.from_product([[2, 1], ["a", "b"]])`

In　[22]:　`df=pd.DataFrame(np.random.randn(4), index=index, columns=["A"])`
`df`

Out[22]:

		A
2	a	−0.259412
	b	−0.629367
1	a	0.255230
	b	0.649932

In　[23]:　`df.unstack().stack()`

Out[23]:

		A
1	a	0.255230
	b	0.649932
2	a	−0.259412
	b	−0.629367

In　[24]:　`df.sort_index()`

Out[24]:

		A
1	a	0.255230
	b	0.649932

2	a	−0.259412
	b	−0.629367

In [25]: `all(df.unstack().stack()==df.sort_index())`

Out[25]: True

In [26]: `all(df.stack().unstack()==df.sort_index())`

Out[26]: True

6.3.4 知识巩固

1. 数据透视

数据透视相关知识请扫描二维码查看。

2. 行列旋转

行列旋转相关知识请扫描二维码查看。

拓展阅读 6-3-1

拓展阅读 6-3-2

PPT：任务 6.4
字符串处理

任务 6.4　字符串处理

6.4.1　任务描述

① str 属性初步认识。

② str 属性链式操作字符串。

③ str 属性其他处理字符串。

④ str 属性做条件查询。

⑤ str 属性使用正则。

微课 6-7
字符串处理

6.4.2　任务分析

　　Pandas 既能处理数值数据，也能处理字符串数据，字符串处理是数据处理的重要组成部分。数据分析时，经常需要对带单位的字符串数据转换成数值数据再进行计算，或对字符串数据进行再变换，如数据单位统一化，Pandas 提供了一系列向量化字符串操作方法。

　　Pandas 的 Series 提供了 str 属性支持一系列的字符串处理函数，能完成字符串的向量化操作，函数名和 Python 内置字符串函数名类似。Pandas 除了支持更丰富的字符串操作函数，还集成了正则表达式的大部分功能，这使得 Pandas 在处理字符串 Series 时，具有更强大的能力。另外，str 属性支持的字符串处理函数可以忽略缺失值。

Pandas 处理字符串数据的注意点如下。

- 先获取 Series 的 str 属性，然后在属性上调用函数。
- 只能在字符串列上使用，不能在数值列上使用（需转换成字符串类型）。
- Dataframe 上没有 str 属性和处理方法。
- Series.str 属性支持一系列字符串处理函数，并不是 Python 原生字符串处理函数，而是自己的一套函数，不过大部分函数名和 Python 原生字符串处理函数名相似。

6.4.3　任务实现

1. str 属性初步认识

微课 6-8
字符串处理
实践操作

Series 和 Index 的 str 属性包含各种字符操作方法，可以矢量化操作数组中的各个元素，且可以自动跳过缺失值操作，方法名也基本上和 Python 内建的字符串方法同名。需先获取 Series 或 Index 的 str 属性，然后使用字符串处理函数向量化处理数据。

```
In  [1]:  import numpy as np
          import pandas as pd
```

```
In  [2]:  s=pd.Series(['A', 'B', 'C', 'Aaba', 'Baca', np.nan, 'CABA', 'dog', 'cat'])
```

```
In  [3]:  s.str.lower()
```

```
Out[3]:  0      a
         1      b
         2      c
         3    aaba
         4    baca
         5    NaN
         6    caba
         7    dog
         8    cat
         dtype: object
```

```
In  [4]:  s.str.len()
```

```
Out[4]:  0    1.0
         1    1.0
         2    1.0
         3    4.0
         4    4.0
         5    NaN
         6    4.0
```

```
7      3.0
8      3.0
dtype: float64
```

In [5]:
```
#索引的字符串方法在清理或者转换数据表列的时候非常有用
df=pd.DataFrame(np.random.randn(3.2),
    columns=['Column A', 'Column B'], index=range(3))
```

In [6]:
```
df.columns.str.strip()    #清除字符串两边的空格
```

Out[6]:
```
Index(['Column A', 'Column B'], dtype='object')
```

2. str 属性链式操作

Series.str 或 Index.str 每次调用方法之前需要获取 str 属性，获取 str 属性返回的是字符串方法访问器，也就能使用字符串方法，而调用字符串方法后返回的是新的 Series 或 Index 对象，所以不能再次直接调用字符串方法。

清理开头和结尾的空格，将所有名称都换为小写，并且将其余空格都替换为下画线。

In [7]:
```
df.columns.str
```

Out[7]:
```
<pandas.core.strings.accessor.StringMethods at 0x290093d32e8>
```

In [8]:
```
#Series.str 或 Index.str 每次调用方法之前需要获取 str
#type(df.columns.str.strip())
df.columns.str.strip().lower()
```

```
---------------------------------------------------------------------------------------------------
AttributeError                              Traceback(most recent call last)
<ipython-input-8-d44be19a4d17> in <module>
      1 #Series.str 或 Index.str 每次调用方法之前需要获取 str
      2 #type(df.columns.str.strip())
----->3 df.columns.str.strip().lower()

AttributeError: 'Index' object has no attribute 'lower'
```

In [9]:
```
df.columns=df.columns.str.strip().str.lower().str.replace(' ', '_')
df
```

Out[9]:

	column_a	column_b
0	−0.754424	0.508746
1	−1.315224	1.267142
2	1.260465	−0.064337

3. str 属性其他字符串处理

（1）字符串替换

```
In  [10]:  dict={'first name': ['孙'，'倪'],
                  'last name': ['树', '雪'],
                  'birthday': ['1981-7-15', '1990-4-5'],
                  'income': ['8500 元/月', '4700 元/月'],
                  'room': ['123.7 平方米', '72.3 平方米'],
                   'room2': [123.7, 72.3]
                   }
           df=pd.DataFrame(dict)   #通过字典数据，构建 DataFrame
           df
```

Out[10]:

	first name	last name	birthday	income	room	room2
0	孙	树	1981-7-15	8500 元/月	123.7 平方米	123.7
1	倪	雪	1990-4-5	4700 元/月	72.3 平方米	72.3

```
In  [11]:  df['income']=df['income'].str.replace('元/月', ' ').astype('float64')
           df['income']=df['income']*12
           df['income'].mean()
```

Out[11]:　79200.0

（2）字符拼接

```
In  [12]:  df['单位']='元/年'
           #df['income']=df['income'].str.cat(df['单位'])错误，str 属性只能在字符串列上使用
           df['income']=df['income'].astype('str').str.cat(df['单位'])
```

```
In  [13]:  del df['单位']
```

```
In  [14]:  df['full name']=df['first name'].str.cat(df['last name'], sep='-')
           df
```

Out[14]:

	first name	last name	birthday	income	room	room2	full name
0	孙	树	1981-7-15	102000.0 元/年	123.7 平方米	123.7	孙-树
1	倪	雪	1990-4-5	56400.0 元/年	72.3 平方米	72.3	倪-雪

（3）字符串分隔

```
In  [15]:  df['full name'].str.split('-')
```

Out[15]:　0　[孙，树]

1 [倪，雪]

Name: full name, dtype: object

In [16]:
```
#自动分隔，+expand 选项，生成新的列
df['full name'].str.split('-', expand=True)
```

Out[16]:

	0	1
0	孙	树
1	倪	雪

In [17]:
```
df[['fn', 'ln']]=df['full name'].str.split('-', expand=True)
df[['fn', 'ln']]
```

Out[17]:

	fn	ln
0	孙	树
1	倪	雪

（4）清除两边的特殊字符

特殊字符指"\n、\t、\0（空格）"等，也可以通过参数指定其他字符。

In [18]:
```
s=pd.Series(['1.Ant.', '2.Bee!\n', '3 Cat?\t', np.nan])
s
```

Out[18]:   0   1. Ant.
1   2. Bee!\n
2   3. Cat?\t
3   NaN
dtype: object

In [19]:
```
s.str.strip()
```

Out[19]:   0   1. Ant.
1   2. Bee!
2   3. Cat?
3   NaN
dtype: object

（5）字符串截取

In [21]:
```
df['birthday'].str.get(2)
```

Out[21]:   0   8
1   9
Name: birthday, dtype: object

In [22]:
```
df['birthday'].str.slice(0, 6)
```

Out[22]:   0   1981-7

```
1   1990-4
Name: birthday, dtype: object
```

In　[23]:　`df['birthday'].str[0:6]`

Out[23]:
```
0   1981-7
1   1990-4
Name: birthday, dtype: object
```

（6）字符串添加特定字符

In　[24]:　`df['full name'].str.pad(20,fillchar='A')`　*##总长度是20*

Out[24]:
```
0        AAAAAAAAAAAAAAAAAA 孙-树
1        AAAAAAAAAAAAAAAAAA 倪-雪
Name: full name, dtype:object
```

4. str 属性做条件查询

s.str.contains()/s.str.match()，判断是否包含/严格匹配；s.str.startswith() / endswith()，判断 Series 是否以指定字符开始/结束。

In　[25]:
```
b=df['full name'].str.contains("雪")
df[b]
b
```

Out[25]:
```
0   False
1   True
Name: full name, dtype: bool
```

In　[26]:　`df['birthday'].str.endswith('15')`

Out[26]:
```
0   True
1   False
Name: birthday, dtype: bool
```

5. str 属性使用正则

将"2018 年 12 月 31 日"中的"年""月""日"3 个中文字符去除。

In　[27]:
```
#处理日期列，添加中文。由于调用时，axis=1，所以 x 表示行数据
def process(x):
    year, month, day=x["birthday"].split("-")
    return f"{year}年{month}月{day}日"
df["中文日期"]=df.apply(process, axis=1)
```

In　[28]:　`df["中文日期"]`

Out[28]:　0   1981 年 7 月 15 日

　　1　1990 年 4 月 5 日

　　Name: 中文日期，dtype: object

In [29]:
```
#方法1：链式 replace
df["中文日期"].str.replace("年", " ").str.replace("月", " ").str.replace("日", "")
```

Out[29]:　0　1981715

　　1　199045

　　Name: 中文日期，dtype: object

In [30]:
```
#方法2：正则表达式替换，regex=True 开启了正则表达式模式
df["中文日期"].str.replace(r"[年月日]", " "regex=True)
```

Out[30]:　0　1981715

　　1　199045

　　Name: 中文日期，dtype: object

字符串判断匹配或包含某种模式，match 和 contains 的区别为是否严格匹配。

In [31]:
```
pattern=r'[0-9][a-z]'
```

In [32]:
```
#检查一个元素是否包含一个可以匹配到的正则表达式
pd.Series(['1', '2', '3aa', '3b', '23c']).str.contains(pattern)
```

Out[32]:　0　False

　　1　False

　　2　True

　　3　True

　　4　True

　　dtype: bool

In [33]:
```
#元素是否完整匹配一个正则表达式
pd.Series(['1', '2', '3aa', '3b', '23c']).str.match(pattern)
```

Out[33]:　0　False

　　1　False

　　2　True

　　3　True

　　4　False

　　dtype: bool

6.4.4　知识巩固

1. 向量化字符串处理函数

　　Pandas 字符串处理函数在 pd.Series.str 模块中，是对 Series 的向量化处理，具体请扫描二维码查看。

拓展阅读 6-4-1

NumPy 字符串处理函数在 np.char 模块中，都是对单个字符串处理，而非一组字符串，函数较少，具体请扫描二维码查看。

2. 向量化正则表达式字符串处理函数

Pandas 可以使用正则表达式来向量化处理字符串，具体请扫描二维码查看。

拓展阅读 6-4-2   拓展阅读 6-4-3

3. 其他向量化字符串处理函数

Pandas 其他向量化字符串处理函数请扫描二维码查看。

拓展阅读 6-4-4

小结

本项目介绍了数据清洗、数据合并和连接、数据重塑、字符串处理，这属于数据处理的数据准备、数据转换阶段。

练习

文本：参考答案

一、填空题

1. 数据清洗一般包括缺失值检测与处理、重复值检测与处理、_____。
2. 要想确认一组数据中是否有异常值，则常用的检测方法有_____原则和箱形图。
3. 将多个 DataFrame 对象沿着一条轴堆叠到一起的函数是_____。
4. 函数_____默认基于指定列的横向拼接，类似于 SQL 语句的 left join、right join、inner join 等连接方式，可以根据一个或多个键将不同的 DataFrame 连接起来。
5. 将 dataframe 中的列旋转为行的函数是_____，将 dataframe 中行旋转为列的函数是_____。

二、选择题

1. 下列选项中，用于删除缺失值的方法是（   ）。
    A．isnull()   B．delete()   C．dropna()   D．fillna()
2. 下列选项中，关于 fillna()方法描述正确的是（   ）。
    A．fillna()方法只能填充替换值为 NaN 的数据
    B．默认可支持填充的最大数量为 1
    C．只支持前向填充方式

D．fillna()方法可以填充替换值为 NaN 和 None 的数据

3．下列选项中，关于异常值的说法描述错误的是（　　　）。

A．异常值是指样本中明显偏离其余观测值的值

B．可以使用 3σ 原则检测异常值

C．可以使用 Pandas 中的箱线图检测异常值

D．异常值必须删除

4．下列函数中，用于沿着轴方向堆叠 Pandas 对象的是（　　　）。

A．concat()　　　　　B．join()　　　　　C．merge()　　　　　D．combine_first()

5．下列选项中，关于空值和缺失值描述不正确的是（　　　）。

A．NaN 和 None 是完全一样的

B．使用 isnull()可以检测数据中是否存在空值或缺失值

C．notnull()与 isnull()方法都可以判断数据中是否存在空值或缺失值

D．dropna()方法可以删除空值和缺失值

三、简答题

1．简述数据预处理的常用操作。

2．简述 Series.str 的字符串处理函数与 Python 的字符串处理函数的区别。

四、程序题

1．现有如图 6-21 所示的两组数据集 df1 和 df2，要求连接成 df3。

	key	value1
0	a	0
1	b	1
2	a	2
3	b	3
4	b	4

df1

	key	value2
0	a	0
1	c	1
2	c	2
3	c	3
4	c	4

df2

	key	value1	value2
0	a	0	0
1	a	2	0

df3

图 6-21　将数据集 df1 和 df2 连接成 df3

2．现有如图 6-22 所示的两组数据集 dfx 和 dfy，要求连接成 dfz。

	A	B
0	a1	b1
1	a2	b2
2	a3	b3

dfx

	C	D
0	c1	d1
1	c2	d2
2	c3	d3

dfy

	A	B	C	D
0	a1	b1	c1	d1
1	a2	b2	c2	d2
2	a3	b3	c3	d3

dfz

图 6-22　将数据集 dfx 和 dfy 连接成 dfz

项目7 Pandas的数据分组与聚合

项目描述

依据业务和问题，使用 Pandas 进行数据分组与聚合。

项目分析

对数据集进行分组并对各组应用聚合函数，通常是数据分析中的重要环节。在将数据集加载、清洗、整合、转换、准备好之后，就需要进行计算及分组统计。数据聚合通常还涉及数据转换，比如把字符串类型转换成数值类型，然后统计运算。前面已经学过多种数据聚合操作，如 sum()、count()。这些函数均是操作一组数据，得到结果只有一个数值。

把数据分成不同的组，再为不同组的数据应用聚合或函数处理。数据分组，Pandas 提供了灵活高效的 GroupBy 工具；数据聚合，Pandas 提供了直接聚合、agg 聚合、apply 高级聚合。像 SQL 这样关系数据库查询语言，分组运算能力有限。Python+Pandas 可以实现复杂的分组聚合操作。

项目目标

- 实验数据分组与聚合运算。
- 说明数据分组与聚合运算过程。
- 实验分组级高级数据聚合运算。
- 说明分组级 apply 和 transform 运算过程。

- 实验数据处理的 3 个函数 map、apply、applymap。
- 说明数据处理的 3 个函数 map、apply、applymap 运算过程。

任务 7.1　数据分组与聚合运算

PPT：任务 7.1
数据分组与
聚合运算

7.1.1　任务描述

① groupby 分组过程。
② 内置统计方法聚合数据。
③ agg 更灵活的聚合数据。

微课 7-1
数据分组与
聚合运算

7.1.2　任务分析

在数据分析中，经常需要将数据根据某个（多个）字段划分为不同的群体进行分析。例如，电商领域将全国的总销售额根据省份进行划分，分析各省销售额的变化情况，社交领域将用户根据画像（性别、年龄）进行细分，研究用户的使用情况和偏好等。

微课 7-2
数据分组与
聚合运算
实践操作

Pandas 中，分组数据处理操作主要运用 groupby 方法完成，常规的聚合运算一种是直接调用聚合函数，另一种是使用 agg 进行更灵活的聚合运算。

7.1.3　任务实现

1. 分组过程

```
In  [1]:  import numpy as np
          import pandas as pd
```

```
In  [2]:  #构建 DataFrame 对象
          company=["A", "B", "C"]
          data=pd.DataFrame([
              "company":['C', 'C', 'C', 'A', 'B', 'B', 'A', 'C', 'B'],
              "salary": [43, 17, 8, 20, 10, 21, 23, 49, 8],
              "age": [35, 25, 30, 22, 17, 40, 33, 19, 30]
          })
          data
```

```
In  [3]:  group=data.groupby('company')    #按字段 company 分组，得到一个 DataFrameGroupBy
          对象 group
```

Out[3]:　<pandas.core.groupby.generic.DataFrameGroupBy object at 0x000001BC0E2A4588>

In　[4]:　list(group)　*#把 group 转换成 list，查看 group 内部组成*

Out[4]:　[('A',　company　salary　age
　　　　　3　　A　　20　　22
　　　　　6　　A　　23　　33),　('B',　company salary age
　　　　　4　　B　　10　　17
　　　　　5　　B　　21　　40
　　　　　8　　B　　8　　30),　('C',　company salary age
　　　　　0　　C　　43　　35
　　　　　1　　C　　17　　25
　　　　　2　　C　　8　　30
　　　　　7　　C　　49　　19)]

转换成列表形式后，可以看到，列表由 3 个元组组成，每个元组中，第 1 个元素是组别（这里按照 company 进行分组，分为了 A、B、C），第 2 个元素是对应组别下的子 DataFrame。

分组运算图解过程如图 7-1 所示，对应代码单元 2～4。groupby 的过程就是将原有 DataFrame 按照 groupby 字段（这里是 company），划分为若干个子 DataFrame，被分为多少个组就有多少个子 DataFrame。在 groupby 之后的一系列操作，如 agg、apply 等，均是基于子 DataFrame 的操作。

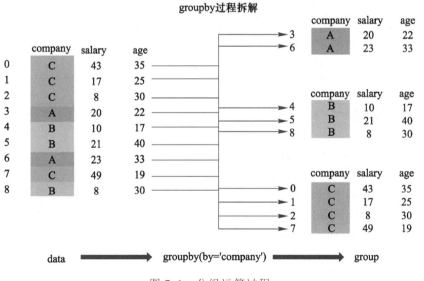

图 7-1　分组运算过程

2. 使用内置统计方法聚合

In　[5]:　group.max()　*#聚合函数直接应用到分组后的各列，注意分组字段列是以索引形式存在*

Out[5]:

	salary	age
company		
A	23	33
B	21	40
C	49	35

In [6]: `group.max().reset_index(drop=False)` *#把分组字段还原回原数据框*

Out[6]:

	company	salary	age
0	A	23	33
1	B	21	40
2	C	49	35

In [7]: `group['salary'].max()` *#取分组后的某个列聚合*

Out[7]: company

A 23

B 21

C 49

Name: salary, dtype: int64

In [8]: `type(group['salary'].max())` *#查看类型*

Out[8]: pandas.core.series.Series

In [9]: `group['salary'].max()['A']` *#需要考虑如何取聚合后的数据*

Out[9]: 23

In [10]:
```
#遍历分组对象，查看分组内部结构
for i in group:
    print(i)   #查看分组 key:df
    print(type(i))
    print(i[1])   #查看 df
    print(type(i[1]))
```

('A', company salary age

3   A   20   22

6   A   23   33)

<class 'tuple'>

company salary age

3   A   20   22

6   A   23   33

```
('B',  company    salary    age
 4         B        10       17
 5         B        21       40
 8         B         8       30)
<class 'tuple'>
  company    salary   age
 4         B        10      17
 5         B        21      40
 8         B         8      30
<class 'pandas.core.frame.DataFrame'>


('C',  company    salary    age
 0         C        43       35
 1         C        17       25
 2         C         8       30
 7         C        49       19)
<class 'tuple'>
   company    salary   age
 0         C        43      35
 1         C        17      25
 2         C         8      30
 7         C        49      19
<class 'pandas.core.frame.DataFrame'>
```

| In [11]: | group2=data.groupby(['company', 'age'])   #按多字段分组 |
| | list(group2) |

Out[11]:

```
[(('A', 22),  company   salary              age
   3            A        20    22), (('A', 33),    company salary age
   6            A        23    33), (('B', 17),    company salary age
   4            B        10    17), (('B', 30),    company salary age
   8            B         8    30), (('B', 40),    company salary age
   5            B        21    40), (('C', 19),    company salary age
   7            C        49    19), (('C', 25),    company salary age
   1            C        17    25), (('C', 30),    company salary age
   2            C         8    30), (('C', 35),    company salary age
   0            C        43    35)]
```

3. 使用 agg 灵活聚合

| In [12]: | data.groupby("company").agg('mean')   #聚合 *Series*，对每个分组的每列都执行聚合函数 |

Out[12]:

	salary	age
company		
A	21.50	27.50
B	13.00	29.00
C	29.25	27.25

In [13]:
```
#聚合数据框，不同的列使用不同的聚合方案，使用字典的方式传入聚合方案
data.groupby('company').agg({'salary': 'median', 'age': 'mean'})
```

Out[13]:

	salary	age
company		
A	21.5	27.50
B	10.0	29.00
C	30.0	27.25

　　agg 聚合运算图解过程如图 7-2 所示，可以对不同的列使用不同聚合函数，对应代码单元 13。

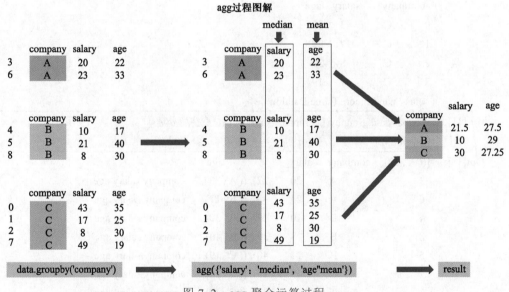

图 7-2　agg 聚合运算过程

In [14]:
```
data.groupby("company").agg(['mean', 'max'])  #同一个列使用多个聚合函数聚合
```

Out[14]:

	salary		age	
	mean	max	mean	max
company				
A	21.50	23	27.50	33

	B	13.00	21	29.00	40
	C	29.25	49	27.25	35

In　[15]:　`data.groupby('company').agg({'salary': 'median', 'age': ['mean', 'max']})`　*#一列多个聚合函数*

Out[15]:

		salary	age	
		median	mean	max
company				
	A	21.5	27.50	33
	B	10.0	29.00	40
	C	30.0	27.25	35

In　[16]:
```
#也可以使用pd.NamedAgg 对不同的列使用聚合函数
#但是使用pd.NamedAgg() 可以为聚合后的每列赋予新的名字
data.groupby('company').agg(
    min_count=pd.NamedAgg(column='age', aggfunc='min'),
    max_count=pd.NamedAgg(column='age', aggfunc='max'),
    median=pd.NamedAgg(column='age', aggfunc='median')).reset_index(drop=False)
```

Out[16]:

	company	min_count	max_count	median
0	A	22	33	27.5
1	B	17	40	30.0
2	C	19	35	27.5

7.1.4　知识巩固

1. 分组聚合原理

在 Pandas 中，分组是指使用特定的条件将原数据划分为多个组，聚合是指对每个分组中的数据执行某些操作，最后将计算的结果进行整合，如图 7-3 所示。分组与聚合的过程大致分为以下 3 步。

① 拆分：将数据集按照一些标准拆分为若干组。

② 应用：将某个函数或者方法应用到每个分组。

③ 合并：将产生的新值整合到结果对象中。

2. 4 种分组方式

按列名进行分组：如果 DataFrame 对象的某列或若干列数据符合划分成组的标准，则可以将该列或若干列作为分组键来拆分数据集，如 df.groupby(by='Key1')。

● 按 Series 对象或字典分组：给出待分组轴上的值与分组名称之间的对应关系。可以将自定义的 Series 类对象作为分组键进行分组，如 ser = pd.Series(['1', '2', '1', '2', '2'])，group_obj = df.groupby(by = ser)。当使用字典对 DataFrame 进行分组时，则需要确定轴的方向及字典中的映射关系，即以字典中的键为列名，字典的值为自定义的分组名。例如，mapping = {'a': '第一组','b':'第二组','c':'第一组','d':'第三组','e':'第二组'}，df.groupby(mapping, axis=1)。

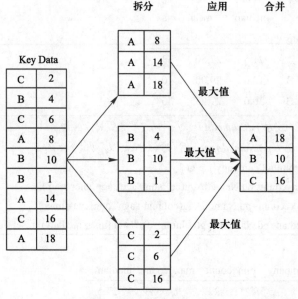

图 7-3　分组聚合原理

● 按函数进行分组：用于处理轴索引或者索引中的各个标签。将函数作为分组键会更加灵活，任何一个被当成分组键的函数都会在各个索引值上被调用一次，返回的值会被用作分组名称，如 df.groupby(len)。

● 按列表或数组分组：其长度必须与分组的轴长度一样，类似按 Series 对象分组。

3. agg

agg() 经常接在分组函数 groupby() 的后面使用，先分组再聚合，分组后可以对所有组聚合，也可以只聚合需要聚合的组，并且 groupby 对象的 agg 可在列上应用一个或多个函数操作。

任务 7.2　分组级 apply 和 transform 运算

7.2.1　任务描述

① 分组级 transform 函数应用。

② 分组级 apply 函数应用。

7.2.2　任务分析

如果希望聚合后的数据与原数据保持一样的形状，如何处理？agg 是面向列的聚合运算，如果需要对 DataFrame 按行做数据处理，如何处理？

Pandas 提供的分组级运算函数 transform 和 apply 可以解决上述问题。如果希望分组级聚合保持与原数据集形状相同，那么可以通过 transform 方法实现。transform 并不对数据进行聚合输出，只是对每行记录提供相应聚合结果。而 agg 和 apply 则是聚合后的分组输出。apply 方法的使用十分灵活，它可以在许多标准用例中替代聚合和转换，另外还可以处理一些比较特殊的用例，因为 apply 方法不仅可以处理分组的列，还可以处理行以及整个分组。

7.2.3　任务实现

1. 分组级 transform 应用

如果希望聚合后的数据与原数据合并，如何处理？例如，如何实现在原数据集中新增一列员工所在公司的平均薪水 avg_salary？如果按照正常步骤计算，需要先求得不同公司的平均薪水，然后按照员工和公司的对应关系填充到对应位置。

In [17]:
```
#不使用 transform 的实现
avg_salary_dict=data.groupby('company')['salary'].mean().to_dict()
avg_salary_dict
```

Out[17]: {'A': 21.5, 'B': 13.0, 'C': 29.25}

In [18]:
```
data['avg_salary']=data['company'].map(avg_salary_dict)    #map 函数映射关系
data
```

Out[18]:

	company	salary	age	avg_salary
0	C	43	35	29.25
1	C	17	25	29.25
2	C	8	30	29.25
3	A	20	22	21.50
4	B	10	17	13.00
5	B	21	40	13.00
6	A	23	33	21.50
7	C	49	19	29.25
8	B	8	30	13.00

In   [19]:
```
#使用 transform 的实现
data['avg_salary']=data.groupby('company')['salary'].transform('mean')
data
```

Out[19]:

	company	salary	age	avg_salary
0	C	43	35	29.25
1	C	17	25	29.25
2	C	8	30	29.25
3	A	20	22	21.50
4	B	10	17	13.00
5	B	21	40	13.00
6	A	23	33	21.50
7	C	49	19	29.25
8	B	8	30	13.00

transform 的运算图解过程如图 7-4 所示,其中框中的内容是 transform 和 agg 不一样的地方,对应代码单元 19。

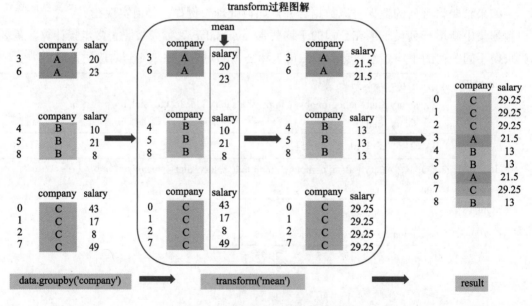

图 7-4 transform 的运算过程

对 agg 而言,会计算得到 A、B、C 公司对应的均值并直接返回聚合结果,但对 transform 而言,则会对每一条数据求得相应结果,同一组内的样本会有相同的值,组内求完均值后会按照原索引的顺序返回结果。为了更直观展示,图中加入了 company 列,实际上面的代码中只有 salary 列。

2. 分组级 apply 应用

apply 相比 agg 和 transform 而言更加灵活，能够传入任意自定义的函数，实现复杂的数据操作，如 apply 实现求出每个公司年龄最大员工。

In [20]:
```
#求 DataFrame 对象中年龄最大的员工数据
def get_oldest_staff(x):
    #print(x)   #调试分组后的 apply 是否接收了每个子 df
    df=x.sort_values(by='age', ascending=True)   #对每个子 df 排序
    #print(df)   #调试是否对每个子 df 排序
    return df.iloc[-1, :]
```

In [21]:
```
oldest_staff=data.groupby('company', as_index=False).apply(get_oldest_staff)
oldest_staff
```

Out[21]:

	company	salary	age	avg_salary
0	A	23	33	21.50
1	B	21	40	13.00
2	C	43	35	29.25

apply 运算图解过程如图 7-5 所示，对应代码单元 20～21。对于 groupby 后的 apply，以分组后的子 DataFrame 作为参数传入指定函数，基本操作单位是 DataFrame，可以对每个子 DataFrame 进行按列聚合、按行数据处理或整个子 DataFrame 处理。

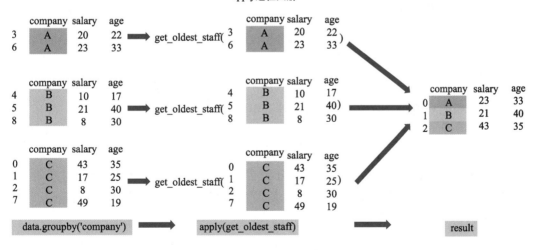

图 7-5 apply 运算过程

In [22]:
```
data.groupby('company', as_index=False).apply(max)   #对子 df 每列计算 max
#等同，对子 df 每列计算 maxdata.groupby('company', as_index=False).agg(max)
```

```
#等同，对子 df 每列计算 maxdata.groupby('company', as_index=False).max()
```

Out[22]:

	company	salary	age	avg_salary
0	A	23	33	21.50
1	B	21	40	13.00
2	C	49	35	29.25

In [23]:
```
#计算每个公司最大年龄及对应薪水  apply 控制对 DataFrame 的处理，更灵活
#s.idxmax(): Return the row label of the maximum value.
#df['age'].idxmax(): 获取年龄最大的行索引
def get_oldestStaff_salary(df):
    print(type(df))
    return str(np.max(df['age']))+'-'+str(df['salary'][df['age'].idxmax()])
```

In [24]:
```
data.groupby('company').apply(get_oldestStaff_salary)
```

```
<class 'pandas.core.frame.DataFrame'>
<class 'pandas.core.frame.DataFrame'>
<class 'pandas.core.frame.DataFrame'>
```

Out[24]: Company
A   33-23
B   40-21
C   35-43
dtype: object

7.2.4　知识巩固

1. DataFrame 分组级 apply

GroupBy 函数 apply 可在不同分组上应用函数，然后将结果组合起来。函数不仅可以按列处理分组的列数据，而且可以按行处理分组的行数据。

2. DataFrame 分组级 transform

GroupBy 函数 transform 可在每个分组上产生一个与原 DataFrame 相同索引的 DataFrame，整体返回与原来对象拥有相同索引且已填充了转换后值的 DataFrame。

3. 性能比较

虽然 apply 拥有更大的灵活性，但其运行效率比 agg 和 transform 低。所以，groupby 之后能用 agg 和 transform 解决的问题还是优先使用这两个方法，实在解决不了，才考虑使用 apply 进行操作。

任务 7.3　数据处理 map、apply、applymap 运算

PPT：任务 7.3
数据处理 map、
apply、applymap
运算

7.3.1　任务描述

① Series 数据处理使用 map、apply 函数。

② DataFrame 数据处理使用 apply、applymap 函数。

7.3.2　任务分析

在日常数据处理中，经常会对一个 DataFrame 进行逐行、逐列和逐元素的操作，Pandas 中的 map、apply 和 applymap 可以解决绝大部分这样的数据处理需求。

① map 可以对 Series 数据逐个进行函数映射处理。

② apply 可以对 DataFrame 数据逐列或逐行进行函数映射处理。

③ applymap 可以对 DataFrame 数据逐个进行函数映射处理。

微课 7-5
数据处理 map、
apply、applymap
运算

7.3.3　任务实现

1. Series 数据处理

微课 7-6
数据处理 map、
apply、applymap
运算实践操作

（1）Series.map

Series.map 处理 Series 数据，数据集中 gender 列的"男"替换为 1，"女"替换为 0。

```
In  [1]:    import numpy as np
            import pandas as pd

In  [2]:    boolean=[True, False]
            gender=["男", "女"]
            color=["white", "black", "yellow"]
            data=pd.DataFrame({
                "height": np.random.randint(150, 190, 100),
                "weight": np.random.randint(40, 90, 100),
                "smoker": [boolean[x] for x in np.random.randint(0, 2, 100)],
                "gender": [gender[x] for x in np.random.randint(0, 2, 100)],
                "age": np.random.randint(15, 90, 100),
                "color":[color[x] for x in np.random.randint(0, len(color),100)]
```

```
})
data.head()
```

Out[2]:

	height	weight	smoker	gender	age	color
0	169	65	False	男	61	black
1	150	52	False	男	40	white
2	162	49	False	男	84	black
3	180	84	True	男	32	white
4	150	64	False	男	33	yellow

In [3]:
```python
#1 使用字典进行映射
data["gender"]=data["gender"].map({"男": 1, "女": 0})

#2 使用函数进行映射，传入的是函数名，不带括号
def gender_map(x):
    gender=1 if x=="男" else 0
    return gender
data["gender"]=data["gender"].map(gender_map)

#3 使用匿名 lambda 函数
data["gender"]=data["gender"].map(lambda x:'女性'if x is'F' else'男性')
data.head()
```

Out[3]:

	height	weight	smoker	gender	age	color
0	169	65	False	男性	61	black
1	150	52	False	男性	40	white
2	162	49	False	男性	84	black
3	180	84	True	男性	32	white
4	150	64	False	男性	33	yellow

map 字典运算图解过程如图 7-6 所示，map 函数运算图解过程如图 7-7 所示，对应代码单元 3。不论是利用字典还是函数进行映射，map 方法都是把 Series 的数据逐个作为参数传入字典或函数中，得到映射后的值，采用的是向量化运算。

（2）Series.apply

Series.apply 处理 Series 数据。apply 方法的作用和 map 方法类似，区别在于传入map 的函数只能接收一个参数，即逐个 Series 数据，而传入 apply 的函数还可以接收其他参数。

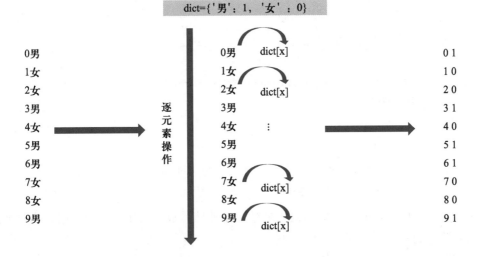

图 7-6　map 字典运算过程

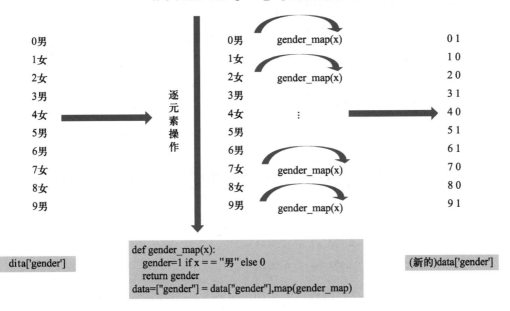

图 7-7　map 函数运算过程

In　[4]:　*#Series.apply 处理 Series 数据，可以传入另外参数，更加灵活*
def apply_age(x, bias):

```
#print(x) 调试验证是逐元素传入函数
#print(bias) 调试验证 bias 值
return x+bias
```

In　[5]:
```
#必须以元组的方式传入额外的参数
data["age"]=data["age"].apply(apply_age, args=(-3, ))
data.head(2)
```

Out[5]:

	height	weight	smoker	gender	age	color
0	169	65	False	男性	58	black
1	150	52	False	男性	37	white

对于 Series 而言，map 可以解决大多数数据处理需求，但如果需要使用较为复杂的函数，则需要用到 apply 方法。

2. DataFrame 数据处理

DataFrame.apply 处理 DataFrame 数据，既可以按列处理，也可以按行处理。apply 是非常重要的数据处理方法，它可以接收各种函数，包括内置的或自定义的，处理方式很灵活。

（1）apply 处理 DataFrame 列数据

In　[6]:
```
#df.apply 按列处理数据，默认 axis=0
data[["height", "weight", "age"]].apply(np.sum, axis=0)   #沿着 0 轴求和
```

Out[6]:
```
height    16883
weight     6709
age        5035
dtype: int64
```

In　[7]:
```
data[["height", "weight", "age"]].apply(np.log, axis=0).head(2)    #沿着 0 轴取对数
```

Out[7]:

	height	weight	age
0	5.129899	4.174387	4.060443
1	5.010635	3.951244	3.610918

dataframe 的 apply 运算列图解过程如图 7-8 所示，对应代码单元 6。axis 参数控制了操作是沿着 0 轴还是 1 轴进行，axis=0 代表操作对列 columns 进行，axis=1 代表操作对行进行。当沿着 0 轴进行操作，会将各列以 Series 形式作为参数，传入指定函数，操作后合并并返回相应的结果。

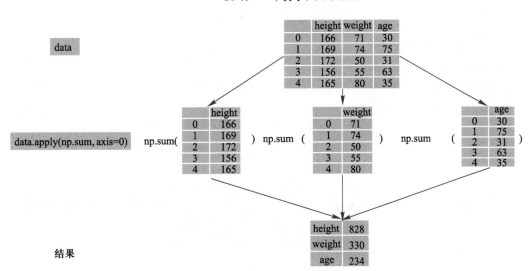

图 7-8　dataframe 的 apply 运算列过程

（2）apply 按行处理 DataFrame 数据

BMI 指数：体检时常用的指标，衡量人体肥胖程度和是否健康的重要标准，计算公式是 BMI=体重/身高的平方，国际单位为 kg/m²。

In　[8]:
```
def  BMI(series):
    #print(type(series)) 调试表明是行数据, 如果是列数据, 就只有 6 个 Series
    weight=series["weight"]
    height=series["height"]/100
    BMI=weight/height**2
    return BMI
#df.apply 按行处理数据, axis=1
data["BMI"]=data.apply(BMI, axis=1)
data.head(2)
```

Out[8]:

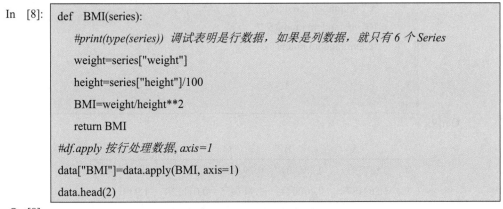

	height	weight	smoker	gender	age	color	BMI
0	169	65	False	男性	58	black	22.758307
1	150	52	False	男性	37	white	23.111111

dataframe 的 apply 运算行图解过程如图 7-9 所示，对应代码单元 8。因为需要对每个样本计算 BMI，所以使用 axis=1 的 apply 操作。沿着 1 轴进行操作，会将每行数据以 Series 形式，行索引为列名，传入指定函数，操作后合并，返回相应结果。

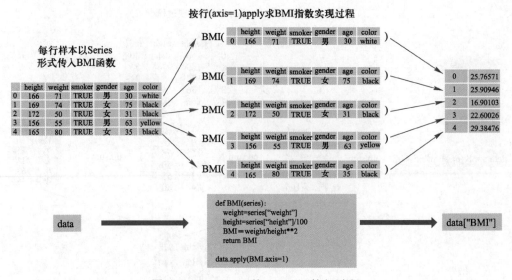

图 7-9　dataframe 的 apply 运算行过程

（3）applymap 处理 DataFrame 每个元素

In　[9]:	`df = pd.DataFrame(`
	`{`
	`"A":np.random.randn(5),`
	`"B":np.random.randn(5),`
	`"C":np.random.randn(5),`
	`"D":np.random.randn(5),`
	`"E":np.random.randn(5),`
	`}`
	`)`
	`df`

Out[9]:

	A	B	C	D	E
0	0.837591	0.488401	−0.793978	1.407942	−0.308958
1	1.564187	0.400044	−1.717435	0.011128	1.939138
2	1.307102	−0.305237	−0.006070	0.928830	−1.997563
3	0.305451	1.552445	−0.244204	1.359179	−0.114793
4	−1.553748	−1.728071	0.499441	0.563837	0.792645

| In　[10]: | #df.applymap 处理 df 每个元素 |
| | df.applymap(lambda x: "%.2f" % x) #将 DataFrame 中所有的值保留两位小数显示 |

Out[10]:

	A	B	C	D	E
0	0.84	0.49	−0.79	1.41	−0.31

1	1.56	0.40	-1.72	0.01	1.94
2	1.31	-0.31	-0.01	0.93	-2.00
3	0.31	1.55	-0.24	1.36	-0.11
4	-1.55	-1.73	0.50	0.56	0.79

dataframe 的 applymap 运算图解过程如图 7-10 所示，对应代码单元 9～10。applymap 会对 DataFrame 中的每个元素执行指定函数的操作。

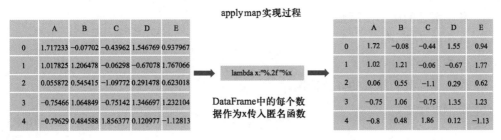

图 7-10　dataframe 的 applymap 运算过程

7.3.4　知识巩固

1. Series 数据的 map

对于 Series 数据，map 可以解决绝大多数的数据处理需求，map 把 Series 数据逐个作为参数传入。但如果还需要传递别的数据，则需要使用 apply 方法。

2. DataFrame 数据的 apply

当 axis=0 时，对每列 columns 执行指定函数；当 axis=1 时，对每行 row 执行指定函数。无论 axis=0 还是 axis=1，其传入指定函数的默认形式均为 Series。

对每个 Series 执行结果后，会将结果整合在一起返回。若想有返回值，函数需要 return 相应的值。

DataFrame 的 apply 和 Series 的 apply 一样，也能接收更复杂的函数，如传入参数。

3. DataFrame 数据的 applymap

applymap 把 DataFrame 的每个元素传递给指定函数，可对每个元素处理。

任务 7.4　某平台读书数据探索

PPT：任务 7.4
某平台读书数据
探索

7.4.1　任务描述

① 数据导入和理解。

② 数据预处理。

③ 依据问题需求做数据探索。

7.4.2　任务分析

以某平台的读书数据作为参考，运用前面学到的知识做数据处理与探索，探索分析框架，其内容如下。

① 各出版社的图书出版数量。

② 各出版社评分。

③ 书的加权得分。

④ 作者作品数和作者的评分情况。

⑤ 按书价排序。

7.4.3　任务实现

拓展阅读 7-4-1

某平台读书数据探索任务实现请扫描二维码查看。

7.4.4　知识巩固

1. 数据预处理的方法

拓展阅读 7-4-2

数据预处理的方法相关知识请扫描二维码查看。

2. 数据探索

依据问题需求，使用索引和切片提取数据，重构数据结构，使用统计函数或直接分组统计或自定义函数，做数据汇总统计或排序，是数据探索的重要内容。

小结

本项目介绍了分组聚合工作原理，并通过任务讲解了分组对象函数 agg、apply 和 transform 的使用，同时讲解了函数 map 和 apply 在 Series 对象上的应用，以及 apply 和 applymap 在 DataFrame 对象上的函数应用。

apply、map 和 applymap 常用于实现 Pandas 中的数据变换，通过接收一个函数实现特定的变换规则。

apply 功能最为强大，可应用于 Series、DataFrame 以及 DataFrame 分组后的 group DataFrame，分别实现元素级、Series 级以及 DataFrame 级别的数据变换。

map 仅可作用于 Series 实现元素级的变换，既可以接收一个字典完成变化，也可接收特定的函数，而且不仅可作用于普通的 Series 类型，也可用于索引列的变换，而索引列的变换是 apply 所不能应用的。

applymap 仅可用于 DataFrame，接收一个函数实现对所有数据实现元素级的变换。

练习

文本：参考答案

一、填空题

1．Pandas 中，分组数据处理操作主要运用_____完成，常规聚合运算中的一种是直接调用聚合函数，另一种是使用_____进行更灵活的聚合运算。

2．虽然说 apply 拥有更大的灵活性，但其运行效率会比_____和_____更慢。

3．在 Pandas 中，分组是指使用特定的条件将原数据划分为多个组，_____在这里指的是对每个分组中的数据执行某些操作。

4．分组与聚合的过程大概分 3 步，即_____、_____、_____。

5．Pandas 中的 map、apply 和 applymap 可以解决绝大部分这样的数据处理需求。_____可以对 Series 数据逐个进行函数映射处理，_____可以对 DataFrame 数据逐列或逐行进行函数映射处理，_____可以对 DataFrame 数据逐个进行函数映射处理。

二、选择题

1．分组与聚合的过程不包括（　　）。
A．拆分　　　　　　　B．整合　　　　　　　C．应用　　　　　D．合并

2．请阅读下面一段程序：

```
data = np.arange(4).reshape(2,2)
frame = pd.DataFrame(data,index=['A','B'],columns=['D','C'])
print(frame.apply(np.sum,axis=0))
```

执行上述程序后，最终的输出结果为（　　）。
A．[[A 1] [B 5]]　　　　　　　　　　B．[[C 2] [D 4]]
C．[[D 2] [C 4]]　　　　　　　　　　D．[[A 2] [B 4]]

3．请阅读下面一段程序：

```
data = np.arange(6).reshape(2,3)
frame = pd.DataFrame(data,index=['A','B'],columns=['O','T','C'])
print(frame.apply(np.max,axis=1))
```

执行上述程序后，最终的输出结果为（　　　）。

　　A．[[A 2] [B 5]]　　　　　　　　　　　B．[[O 3] [T 4] [C 5]]

　　C．[[O 0] [T 1] [C 2]]　　　　　　　　D．[[A 0] [B 3]]

4．请阅读下面一段程序：

```
data = np.arange(4).reshape(2,2)
frame = pd.DataFrame(data)
print(frame.apply(np.mean,axis=0))
```

执行上述程序后，最终的输出结果为（　　　）。

　　A．[[0　1.0] [1　2.0]]　　　　　　　　B．[[0　1] [1　2]]

　　C．[[1.0] [2.0]]　　　　　　　　　　　D．[[1] [2]]

5．给出星巴克零售店数量数据，按照国家分组，求出每个国家的星巴克零售店数量，其代码的表示是（　　　）。

　　A．starbucks.groupby(['Country']).mean()

　　B．starbucks.groupby(['Country']).count()

　　C．starbucks.groupby(['Country']).agg ()

　　D．starbucks.groupby(['Country']).transform ()

三、简答题

1．简述 apply 在数据处理中的算法过程。

2．简述分组与聚合的过程。

四、程序题

1．创建一个 2×3 的随机矩阵，将每行命名为['A','B']，每列命名为['O','T','C']，并输出每列的平均值。

2．创建一个 3×4 的随机矩阵，在所有元素前面加一个字符 A。

3．如图 7-11 所示的一个关于连锁餐厅的数据集 df，每个城市都有多家餐厅，想知道"每一家餐厅在本市的销售额占比是多少"。

	restaurant_id	address	city	sales
0	101	A	北京	10
1	102	B	北京	500
2	103	C	北京	48
3	104	D	上海	12
4	105	E	上海	21
5	106	F	南京	22
6	107	G	南京	14

	restaurant_id	address	city	sales	city_total_sales	pct
0	101	A	北京	10	558	1.79%
1	102	B	北京	500	558	89.61%
2	103	C	北京	48	558	8.60%
3	104	D	上海	12	33	36.36%
4	105	E	上海	21	33	63.64%
5	106	F	南京	22	36	61.11%
6	107	G	南京	14	36	38.89%

(a) 连锁餐厅数据集 df　　　　　　　　　　(b) 销售额占比数据集 df

图 7-11　数据库例题

项目8 Matplotlib图形库的数据可视化

项目描述

依据业务和问题，使用 Matplotlib 图形库进行数据可视化。

项目分析

Matplotlib 是 Python 的一种绘图库，它已经成为 Python 中公认的数据可视化工具，人们所熟知的 Pandas 和 seaborn 的绘图接口其实也是基于 Matplotlib 所进行的高级封装。

Matplotlib 可以绘制线图、散点图、条形图、柱状图、3D 图形、图形动画等。

项目目标

- 了解 MATLAB 风格接口通用绘图模板。
- 了解面向对象接口通用绘图模板。
- 了解 Matplotlib 图形结构和主要对象。
- 了解常见图表类型及特点。
- 掌握绘制常见类型图表。
- 掌握图形设置，包括坐标刻度范围、刻度标签、线条颜色、线型、标题和图例。
- 掌握图形设置，包括图形样式和色彩。
- 掌握图形设置，包括图形内的文字和注释。

- 掌握绘制均匀状态、非均匀状态多个子图。
- 对比 fig.add_subplot()、plt.subplot()、plt. subplots()，对比 plt.subplot2grid()、GridSpec()、fig.add_gridspec()。
- 掌握图形设置，包括图形大小、共享坐标轴、移动坐标轴、添加表格、插入公式。
- 对比 MATLAB 风格和面向对象 2 种绘图接口。
- 掌握配置 Matplotlib 参数，解决图表汉字乱码、坐标轴负号显示等问题。
- 开发基于业务需求的图表。

任务 8.1　基础绘图

PPT：任务 8.1
基础绘图

8.1.1　任务描述

① 绘制 MATLAB 接口折线图，提炼通用绘图模板。
② 绘制面向对象接口折线图，提炼通用绘图模板。
③ 说明 Matplotlib 图形结构和基本对象。
④ 设置辅助层对象。

微课 8-1
基础绘图

8.1.2　任务分析

由于 Matplotlib 的知识点非常繁杂，在实际使用过程中也不可能记住全部 API，很多时候都是边用边查。因此这里提供一个通用的绘图基础模板，任何复杂的图表几乎都可以基于这个模板骨架填充内容而成。初学者只需要牢记这一模板就足以应对大部分简单图表的绘制，在学习过程中可以将这个模板模块化，了解每个模块在做什么，在绘制复杂图表时如何修改，填充对应的模块。

Matplotlib 提供了两种最常用的绘图接口，具体如下。

- 基于 MATLAB 的绘图接口：使用 matplotlib.pyplot，依赖 pyplot 自动创建 figure 和 axes，并绘图。这种绘图主要使用 pyplot 模块，该脚本中有大量 def 定义的函数，绘图时就是调用 pyplot.py 中的函数。

- 基于面向对象的绘图接口：显式创建 figure 和 axes，在上面调用绘图方法，适合绘制复杂图形。这种绘图方式主要使用 Matplotlib 的 matplotlib.figure.Figure 和 matplotlib.axes.Axes 两个子类。绘制每张图时，画布为 matplotlib.figure.Figure 的一个实例，每个子图为 matplotlib.axes.Axes 的一个实例，若想设置的元素网格线、坐标刻度等，都可以在二者的属性中找出来使用。

8.1.3　任务实现

微课 8-2
基础绘图实践
操作

1. 便捷的 MATLAB 风格接口通用绘图模板

绘图函数 plot()：Matplotlib 中绘制折线图的函数。线图用来描述两个变量之间的关系，如方程 $y=ax+b$ 中 y 随 x 变化而变化的关系。

In　[1]:
```python
import matplotlib as mpl
import matplotlib.pyplot as plt
from numpy.random import randn
import numpy as np
import pandas as pd
from IPython.display import Image
import warnings
warnings.filterwarnings('ignore')
mpl.rcParams['font.family']= 'SimHei'   #解决图表中文标签正常显示
plt.rcParams['axes.unicode_minus']=False   #解决图表坐标轴负数的负号显示问题
%matplotlib inline
mpl.rcParams['figure.figsize']=(4, 3)
```

In　[2]:
```python
#1.准备数据
x=np.arange(1, 5)
#2.设置绘图样式，这一步不是必需的，样式也可以在绘制图像时进行设置
mpl.rc('lines', linewidth=4, linestyle='-.')
#3.定义布局，这里为默认布局
#4.绘制图像
plt.plot(x, x*1.5, label='Normal')
plt.plot(x, x*3.0, label='Fast')
plt.plot(x, x/3.0, label='Slow')
#5.添加网格、标题、x 轴 y 轴标签、图例等
plt.grid(True)
plt.title('Sample Growth of a Measure')
plt.xlabel('Samples')
plt.ylabel('Values Measured')
plt.legend(loc='upper left')
plt.show()
```

运行结果如图 8-1 所示。

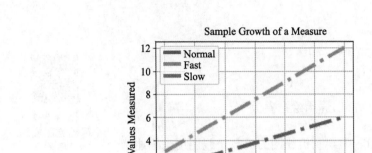

图 8-1　使用 MATLAB 风格接口通用绘图模板绘图结果

本页彩图

2．功能更强大的面向对象接口通用绘图模板

In　[3]:
```
#1.准备数据
x=np.arange(1, 5)
y1=x*1.5
y2=x*3.0
y3=x/3.0
#2.设置绘图样式，这一步不是必须的，样式也可以在绘制图像时进行设置
mpl.rc('lines', linewidth=4, linestyle='-.')
#3.定义布局
fig, ax=plt.subplots()
#4.绘制图像
ax.plot(x, y1, label='Normal')
ax.plot(x, y2, label='Fast')
ax.plot(x, y3, label='Slow')
#5.添加网格、标题、X 轴 Y 轴标签、图例等
ax.grid(True)
ax.set_title('Sample Growth of a Measure')
ax.set_xlabel('Samples')
ax.set_ylabel('Values Measured')
ax.legend(loc='upper left')
plt.show()
```

运行结果如图 8-1 所示。

3．Matplotlib 图形结构

Matplotlib 的图形是绘制在 Figure（画布）上的，Figure 类似 Windows、Jupyter 窗体，每个 Figure 又包含了一个或多个 Axes（坐标系/绘图区/子图），但是一个 Axes 只能属于一个 Figure。一个 Axes 可以绘制各种图形，可以包含多个 Axis（坐标轴），包含两个即为 2D 坐标系，3 个即为 3D 坐标系。

　　辅助显示层为 Axes 内除了根据数据绘制出的图形以外的内容，主要包括 Axes 外观（facecolor）、边框线（spines）、坐标轴名称（axis label）、坐标轴刻度（tick）、坐标轴刻度标签（tick label）、网格线（grid）、图例（legend）、标题（title）等内容。该层的设置可使图形显示更加直观，更加容易被用户理解，但又不会对图形产生实质的影响。

　　比较简单的创建 Figure 以及 Axes 的方式是通过 pyplot.subplots 命令，创建 Axes 以后，可以使用 axes.plot 绘制折线图等各种图形。

　　通过一张 Figure 解剖图，可以看到一个完整的 Matplotlib 图形三层架构，包括容器层、辅助层、图形层。其中，容器层包括 Canvas、Figure、Axes、Axis，辅助层包括 Axes 外观、边框线等，图形层包括折线图、散点图等各种图形。Matplotlib 图形结构如图 8-2 所示。

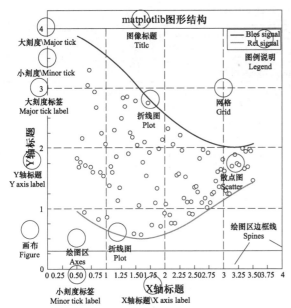

一个完整的Matplotlib图形主要由画板、画布、绘图区3个部分组成。除了这3个之外，通常会加入一些如坐标轴、图例这样的辅助显示层。

○ Canvas(画板)位于底层，用户一般接触不到
○ Figure(画布)建立在Canvas之上
○ Axes(绘图区)建立在Figure之上
○ 坐标轴(axis)、图例(legend)等辅助显示层以及图像层都是建立在Axes之上

图 8-2　Matplotlib 图形结构

　　在 Matplotlib 中，通过各种方法来操纵图形中的每一个部分，从而达到数据可视化的效果，一副完整的图形实际上是各类子元素的集合。

　　4. 网格线

```
In [4]:  #设置网格线，观察2个子图网格线效果
         x=np.linspace(0, 5, 100)
         fig, ax=plt.subplots(1,2,figsize=(10,3))
         ax[0].plot(x, x**2, x, x**3, lw=2)
         #ax[0]子图使用默认网格
         ax[0].grid(True)   #显示网格线
         ax[1].plot(x, x**2, x, x**3, lw=2)
         #ax[1]子图使用设置的网格线
         ax[1].grid(color='b', alpha=0.5, linestyle='dashed', linewidth=0.5)
```

运行结果如图 8-3 所示。

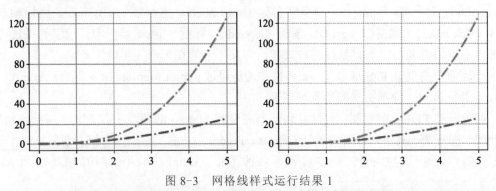

图 8-3 网格线样式运行结果 1

In [5]: *#which 指定绘制的网格刻度类型（major、minor 或者 both）*
#axis 指定绘制哪组网格线（both、x 或者 y）
plt.grid(visible=True, which='major', axis='both');

运行结果如图 8-4 所示。

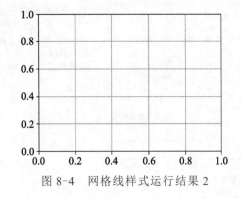

图 8-4 网格线样式运行结果 2

5. 辅助线

辅助线指 Matplotlib 中绘制垂直坐标轴的线及区域。

In [6]: mpl.rcdefaults() *#重置动态修改后的配置参数，将配置重置为标准设置*

plt.axis([-1, 1, -10, 10]) *#限制 X 轴和 Y 轴范围*

plt.axhline(); *#添加水平线，重要参数包括：Y 轴位置、xmin、xmax，默认在 y=0 位置绘制*

plt.axline([-0.75, -7.5],[1.0,10]); *#任意方向*

#添加垂直线，重要参数包括：X 轴位置、（ymin、ymax 都是比例值），默认在 x=0 位置绘制

plt.axvline(0.5, 0.2, 0.8);

运行结果如图 8-5 所示。

In [7]: plt.axis([-1, 1, -10, 10])

#绘制一条水平带（矩形），需要 *ymin*、*ymax* 参数指定水平带的宽度（*ymin*、*ymax* 都是实际值）

plt.axhspan(-1,1,color=r"red", linestyle=";");

#绘制一条垂直带（矩形），需要 *xmin*、*xmax* 参数指定水平带的宽度（*xmin*、*xmax* 都是实际值）

Plt.axvspan(-0.75, -0.50);

运行结果如图 8-6 所示。

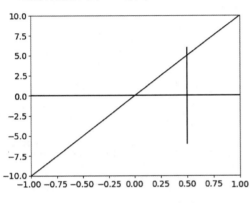

图 8-5　辅助线样式运行结果 1

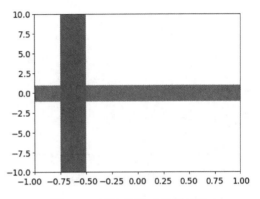

图 8-6　辅助线样式运行结果 2

6. 坐标轴界限

使用 axis()函数或者 xlim()函数和 ylim()函数设置坐标轴界限。

本页彩图

In　[8]:
```
x=np.arange(1, 5)
plt.plot(x, x*1.5, x, x*3.0, x, x/3.0)
#plt.axis()　#如果 axis 方法没有任何参数，则返回当前坐标轴的上下限
#axis 方法中有参数，设置坐标轴的上下限；参数顺序为[xmin, xmax, ymin, ymax]
plt.axis([0, 5, -1, 13])
plt.show()
```

运行结果如图 8-7 所示。

In　[9]:
```
x=np.arange(1, 5)
plt.plot(x, x*1.5, x, x*3.0, x, x/3.0)
plt.xlim([0, 5])　#ylim([ymin, ymax])
plt.ylim([-1, 13])　#xlim([xmin, xmax])
plt.show()
```

运行结果如图 8-7 所示。

7. 坐标轴标签

使用 xlabel()函数和 ylabel()函数设置坐标轴标签。

In　[10]:
```
plt.plot([1, 3, 2, 4])    #plot(y) ,plot y using x as index array 0..N-1
plt.xlabel('This is the X axis')
plt.ylabel('This is the Y axis')
plt.show()
```

运行结果如图 8-8 所示。

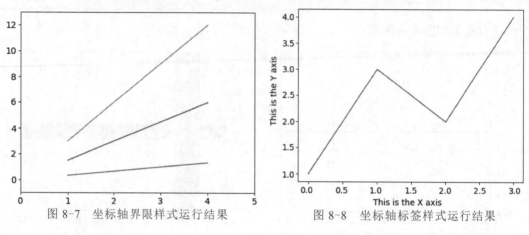

图 8-7　坐标轴界限样式运行结果　　　　　图 8-8　坐标轴标签样式运行结果

8．坐标轴刻度

（1）查看坐标轴刻度

In　[11]:
```
locs,labels=plt.xticks()   #不传入任何参数，xticks()会返回当前刻度的位置和标签
```

In　[12]:
```
labels   #刻度值，0 轴，刻度值对应的标签（文本显示内容）
```

Out[12]:
```
[Text(0.0, 0, '0.0'),
 Text(0.2 ,0, '0.2'),
 Text(0.4, 0, '0.4'),
 Text(0.6000000000000001, 0, '0.6'),
 Text(0.8, 0, '0.8'),
 Text(1.0, 0, '1.0')]
```

本页彩图

（2）面向对象方法设置

用 set_xticks 和 set_yticks 来设定坐标轴刻度，用 set_xticklabels 和 set_yticklabels 设定对应文本标签。

In　[13]:
```
fig=plt.figure(figsize=(10, 4))
ax=fig.add_subplot(111)
x=np.linspace(0, 5, 100)
ax.plot(x, x**2, x, x**3, lw=2)
ax.set_xticks([1, 2, 3, 4, 5])   #设置 X 轴刻度值
#设置 X 刻度标签文本
ax.set_xticklabels([r'$\alpha$', r'$\beta$', r'$\gamma$',
                    |r'$\delta$', r'$\epsilon$'], fontsize=18)
```

```
yticks=[0, 50, 100, 150]
ax.set_yticks(yticks)   #设置 X 轴刻度值
#使用 LaTeX 格式化 y 刻度值
ax.set_yticklabels(["$%.1f$" % y for y in yticks], fontsize=18);
#设置刻度值之间步长（间隔）
from matplotlib.pyplot import MultipleLocator
plt.gca().xaxis.set_major_locator(MultipleLocator(1))
plt.gca().xaxis.set_minor_locator(MultipleLocator(0.2))
#plt.minorticks_off()   #是否每个刻度都要显示出来
```

运行结果如图 8-9 所示。

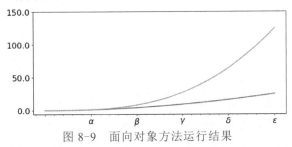

图 8-9　面向对象方法运行结果

（3）科学计数法设置

In　[14]:
```
fig=plt.figure(figsize=(10, 4))
ax=fig.add_subplot(111)
x=np.linspace(0, 5, 100)
ax.plot(x, x**2, x, np.exp(x))
ax.set_title("scientific notation")
ax.set_yticks([0, 50, 100, 150])
from matplotlib import ticker
formatter=ticker.ScalarFormatter(useMathText=True)
formatter.set_scientific(True)
formatter.set_powerlimits((-1, 1))
ax.yaxis.set_major_formatter(formatter)
```

运行结果如图 8-10 所示。

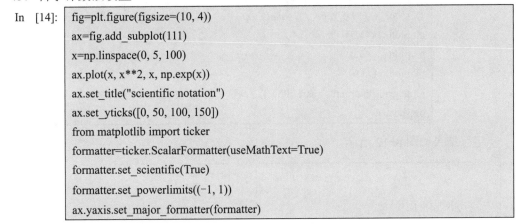

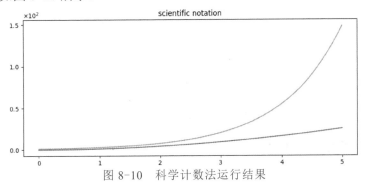

图 8-10　科学计数法运行结果

（4）pyplot 方法设置

In　[15]:

```
#distance between x and y axis and the numbers on the axes
mpl.rcParams['xtick.major.pad']=5
mpl.rcParams['ytick.major.pad']=5
x=[5, 3, 7, 2, 4, 1]
plt.plot(x);
#传入位置和标签参数，以修改坐标轴刻度
plt.xticks(range(len(x)), ['a', 'b', 'c', 'd', 'e', 'f']);
plt.yticks(range(1, 8, 2));
```

运行结果如图 8-11 所示。

本页彩图

9. 图例和标题

（1）添加图例文本

In　[16]:

```
x=np.arange(1, 5)
#label 参数为'_nolegend_'，则图例中不显示
#plt.plot(x, x*1.5, label1='_nolegend_')
#也可在 plot 函数中增加 label 参数
#plt.plot (x, x*1.5, label='Normal')
plt.plot(x, x*1.5)
plt.plot(x, x*3.0)
plt.plot(x, x/3.0)
plt.legend(['Normal', 'Fast', 'Slow'])  #添加图例，在 legend 方法中传入字符串列表
plt.show()
```

运行结果如图 8-12 所示。

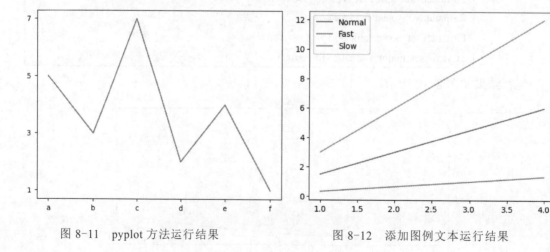

图 8-11　pyplot 方法运行结果　　　　　图 8-12　添加图例文本运行结果

（2）设置图例位置

In　[17]:
```
x=np.arange(1, 5)
plt.plot(x, x*1.5, label='Normal')
plt.plot(x, x*3.0, label='Fast')
plt.plot(x, x/3.0, label='Slow')
#plt.legend(loc='upper right')
#图例也可以超过图的界限
plt.legend(loc=(0, 1)) #loc 参数可以是 2 元素的元组
plt.show()
```

运行结果如图 8-13 所示。

（3）设置图列数

In　[18]:
```
x=np.arange(1,5)
plt.plot(x, x*1.5, label='Normal')
plt.plot(x, x*3.0, label='Fast')
plt.plot(x, x/3.0, label='Slow')
plt.legend(loc=0, ncol=2)   #ncol 控制图例中有几列
plt.show()
```

运行结果如图 8-14 所示。

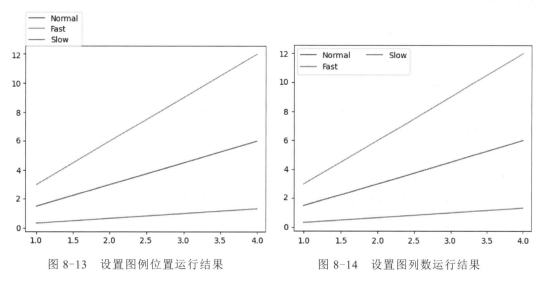

图 8-13　设置图例位置运行结果　　　　　图 8-14　设置图列数运行结果

（4）设置标题

In　[19]:
```
plt.title('Simple plot');   #title 方法给图表添加标题
```

运行结果如图 8-15 所示。

本页彩图

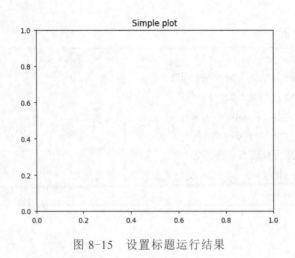

图 8-15   设置标题运行结果

10. plot 后不打印 plot 对象

Matplotlib 的绘图代码默认打印出最后一个对象，如果不想显示，有以下 3 种方法。

方法 1：在代码块最后加一个分号。

方法 2：在代码块最后加一句 plt.show()。

方法 3：在绘图时将绘图对象显式赋值给一个变量，如将 plt.plot([1, 2, 3, 4]) 改成 line = plt.plot([1, 2, 3, 4])。

11. 配置 Matplotlib

（1）rc 参数法

通过 rcParams 字典动态访问并修改所有已经加载的配置项。

配置语句格式：mpl.rcParams['<param name>'] = <value>。

In	[20]:	#显示当前的默认配置 mpl.rcParams
In	[21]:	#修改图像尺寸 mpl.rcParams['figure.figsize']=(4, 3) #全局配置，但不修改配置文件，重启服务配置 失效

（2）rc 函数法

matplotlib.rc 可以使用关键字参数一次修改单个组中的多个设置。通过 matplotlib.rc() 传入属性的关键字元组，一条语句中修改多个配置项。

```
#一个配置对象
mpl.rc(('figure', 'savefig'), facecolor='r')
#等同于：
#mpl.rcParam['figure.facecolor']= 'r'
```

```
#mpl.rcParam['savefig.facecolor']= 'r'
```

```
#两个配置对象
mpl.rc('lines', linewidth=4, color='b')
#等同于：
#mpl.rcParam['line.linewidth']=4
#mpl.rcParam['line.linecolor']= 'b'
```

（3）rcsetup 法

rcsetup 模块包含使用 Matplotlib 的 rc 设置进行自定义的验证代码。每个 rc 设置都分配了一个函数，用于验证对该设置所做的任何尝试性更改。验证函数在 rcsetup 模块中定义，用于构造 rcParams 全局对象，该对象存储设置并在 Matplotlib 中引用。

（4）rcdefaults 法

rcdefaults 法重置所有配置。

In　[22]: `mpl.rcParams['figure.figsize']`

Out[22]:　[4.0, 3.0]

In　[23]: `mpl.rcdefaults()`   *#重置动态修改后的配置参数，将配置重置为标准设置*

In　[24]: `mpl.rcParams['figure.figsize']`

Out[24]:　[6.4, 4.8]

8.1.4 知识巩固

1. 画布、坐标系和坐标轴

使用 Matplotlib 绘图，主要就是理解 Figure（画布）、Axes（坐标系）、Axis（坐标轴）三者之间的关系。

首先，需要在画板上面准备一张画布。对比到 Matplotlib 中，就相当于初始化一张 Figure，绘制任何图形都是在这张 Figure 上操作。接着，需要给 Figure 分配不同的区域，指定哪个位置该绘制什么。对比到 Matplotlib 中，就是需要指定 Axes，每个 Axes 相当于一张画布上的一块区域。一张画布上，可以分配不同区域，即一张画布可以指定多个 Axes。最后，就是在分配好的不同区域上进行图形绘制，在一张画布上，绘制得最多的是 2D 图，也可以绘制 3D 图。对比到 Matplotlib 中，在 axes1 中绘制一个条形图，在 axes2 中绘制一个饼图，在 axes3 中绘制一个折线图，如图 8-16 所示。当为 2D 图时，会有一条 X 轴和一条 Y 轴；当为 3D 图时，会有一条 X 轴、一条 Y 轴和一条 Z 轴，该轴就是"坐标轴"。

一个 Figure 上，可以有多个区域 Axes。在每个坐标系上绘图，也就是说每个 Axes 中，都有一个 Axis。在 Matplotlib 中，Figure 画布和 Axes 坐标轴并不能显式地看见，能够显示的是一个 Axis 坐标轴的各种图形。

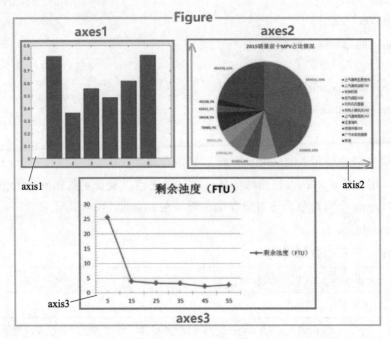

图 8-16 Figure、Axes 和 Axis 的关系

2. 创建画布的两种方式

（1）隐式创建

当第一次执行 plt.xxx()画图代码时，系统会判断是否已经有 Figure 对象。如果没有，系统会自动创建一个 Figure 对象，并且在这个 Figure 之上，自动创建一个 Axes 坐标系。默认创建一个 Figure 对象，一个 Axes 坐标系。

（2）显式创建

plt.subplots 是显式创建一个 Figure 对象的一种方法，具体参见任务 8.4。如果想要在一个 Figure 对象上，绘制多个图形，那么就必须拿到每个 Axes 对象，然后调用每个位置上的 Axes 对象，就可以在每个对应位置的坐标系上进行绘图。

无论隐式创建还是显式创建 Figure 对象，都可以通过 plt.gca()获取当前 Axes 对象。

3. 绘图细节

记住常见的绘图细节，能够很好地帮助人们画出更美观、更直观的图形。

① Figure：画布。

② Axes：坐标系，一个画布上可以有多个坐标系。

③ Axis：坐标轴，一个坐标系中可以有多个坐标轴，一般都是二维平面坐标系或者三

维立体坐标系。

④ Title：标题。

⑤ Legend：图例。

⑥ Grid：背景网格。

⑦ Tick：刻度。

⑧ Axis Label：坐标轴名称。

⑨ Tick Label：刻度名称，包括 Major Tick Label（主刻度标签）和 Minor Tick Label（副刻度标签）。

⑩ Line：线。

⑪ Style：线条样式。

⑫ Marker：点标记。

⑬ Font：字体相关。

任务 8.2　设置图形样式和色彩

PPT：任务 8.2
设置图形样式
和色彩

8.2.1　任务描述

① 设置绘图样式。

② 设置色彩。

③ 设置 plot 的样式和色彩。

微课 8-3
设置图形样式
和色彩

8.2.2　任务分析

绘图样式和颜色是丰富可视化图表的重要手段，因此掌握本任务的实践操作可以让可视化图表变得更美观，突出重点和凸显艺术性。

关于修改绘图样式，常见的有以下 4 种方法。

① 使用预先定义的样式表。

② 使用自定义样式。

③ 使用组合样式。

④ 使用 rcparams 参数设置样式。

关于修改颜色，常见的有以下 2 种方法。

① 单色颜色的基本方法。

② colormap 多色方法。

关于 plot 的样式和色彩常见设置如下。

① 颜色、点标记与线型设置。

② 透明度设置。

③ 图例设置。

④ 网格设置。

8.2.3 任务实现

微课 8-4
设置图形样式和
色彩实践操作

1. 设置绘图样式

（1）Matplotlib 样式表

In [25]: #*matplotlib 究竟内置了哪些样式供使用呢*
print(plt.style.available)

['Solarize_Light2', '_classic_test_patch', '_mpl-gallery', '_mpl-gallery-nogrid', 'bmh', 'classic', 'dark_background', 'fast', 'fivethirtyeight', 'ggplot', 'grayscale', 'seaborn', 'seaborn-bright', 'seaborn-colorblind', 'seaborn-dark', 'seaborn-dark-palette', 'seaborn-darkgrid', 'seaborn-deep', seaborn-muted', 'seaborn-notebook', 'seaborn-paper', 'seaborn-pastel', 'seaborn-poster', 'seaborn-talk', 'seaborn-ticks', 'seaborn-white', 'seaborn-whitegrid', 'tableau-colorblind10']

In [26]: plt.style.use('default') #*使用默认样式*
plt.plot([1,2,3,4],[2,3,4,5]);

运行结果如图 8-17 所示。

In [27]: plt.style.use('seaborn') #*使用'seaborn'样式*
plt.plot([1,2,3,4],[2,3,4,5]);

运行结果如图 8-18 所示。

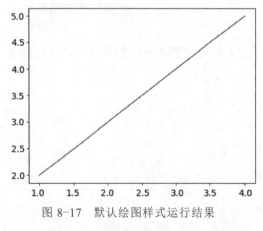

图 8-17 默认绘图样式运行结果

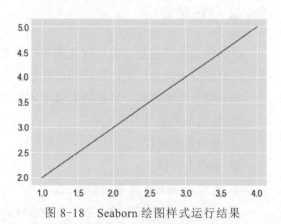

图 8-18 Seaborn 绘图样式运行结果

（2）定义自己样式

创建自定义样式并通过调用 style.use 样式表的路径或 URL。在任意路径下创建一个扩展名为 mplstyle 的样式清单，内容如下。

```
axes.titlesize : 24
axes.labelsize : 20
lines.linewidth : 3
lines.markersize : 10
xtick.labelsize : 16
ytick.labelsize : 16
```

In　[28]:
```
plt.style.use('style/presentation.mplstyle')   #使用自定义样式
plt.plot([1,2,3,4], [2,3,4,5]);
```

运行结果如图 8-19 所示。

（3）组合样式

Matplotlib 支持组合样式的引用，只需在引用时输入一个样式列表，若是几个样式中涉及同一个参数，右边的样式表会覆盖左边的值。

In　[29]:
```
plt.style.use(['Solarize_Light2', 'style/presentation.mplstyle'])
plt.plot([1,2,3,4], [2,3,4,5]);
```

运行结果如图 8-20 所示。

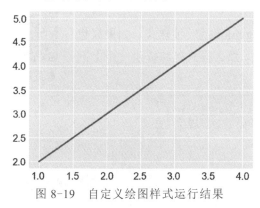

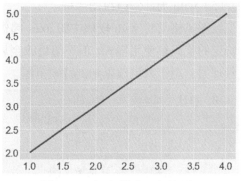

图 8-19　自定义绘图样式运行结果　　　　　图 8-20　组合样式运行结果

（4）设置 rcParams

通过修改默认 rc 设置的方式改变样式，所有 rc 设置都保存在一个称为 matplotlib.rcParams 的全局变量中，或者使用 matplotlib.rc 函数一次修改单个组中的多个设置。

本页彩图

In　[30]:
```
mpl.rcParams['lines.linewidth']=2
mpl.rcParams['lines.linestyle']='--'
plt.plot([1,2,3,4], [2,3,4,5]);
#matplotlib 还提供了一种更便捷的修改样式方式，可以一次性修改多个样式
#mpl.rc('lines', linewidth=4, linestyle='--')
```

运行结果如图 8-21 所示。

取消 rcParams 参数修改有以下 2 种方法。

● mpl.rc_file_defaults()：恢复到本次导入 Matplotlib 时的默认配置。

● mpl.rcdefaults()：恢复到下载 Matplotlib 时的默认配置。

In　[31]:
```
mpl.rc_file_defaults()
plt.plot([1,2,3,4], [2,3,4,5]);
```

运行结果如图 8-22 所示。

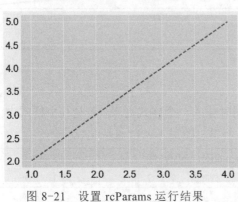

图 8-21　设置 rcParams 运行结果

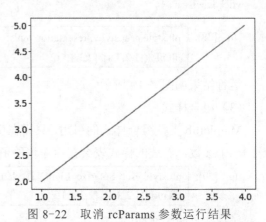

图 8-22　取消 rcParams 参数运行结果

（5）with 局部修改绘图风格

绘图风格只对 with 模块中的 axes 起作用，ggplot 是一种样式。如果只想为特定的代码块使用样式，但不想更改全局样式，那么样式包将提供一个上下文管理器，用于将更改限制到特定范围。

本页彩图

In　[32]:
```
mpl.rc_file_defaults()
with plt.style.context('ggplot'):  #使用 with 临时修改绘图样式
    plt.subplot(221)
    plt.plot([-1, 0, 1])
#因为上一个子图只是临时修改，所以当前子图使用了默认样式，没有沿用'ggplot'样式
plt.subplot(222)
plt.plot([1, 2, 3])
#使用'bmh'样式
plt.style.use('bmh')
plt.subplot(223)   #必须置于 style 之后，否则毫无用处
plt.plot([1,2,3])
#因为上一个子图修改了全局变量风格，所以当前子图沿用'bmh'样式
plt.subplot(224)
plt.plot([1,2,3]);
```

运行结果如图 8-23 所示。

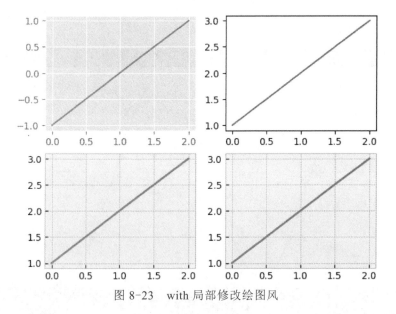

图 8-23　with 局部修改绘图风

本页彩图

2. 设置色彩

（1）Matplotlib 内置单颜色使用

Matplotlib 识别以下格式以指定颜色。

In [33]:
```python
plt.style.use('default')
#matplotlib 内置单颜色使用
t=np.linspace(0.0, 2.0, 201)
s=np.sin(2*np.pi*t)
#1) RGB tuple:
fig,ax=plt.subplots(facecolor=(.18, .31, .31), figsize=(10,5))
#2) hex string:
ax.set_facecolor('#eafff5')
#3) gray level string:
ax.set_title('Voltage vs. time chart', color='0.7')
#4) single letter color string:
ax.set_xlabel('time(s) ', color='c')
#5) a named color:
ax.set_ylabel('voltage (mV) ', color='peachpuff')
#6) a named xkcd color:
ax.plot(t, s, 'xkcd:crimson')
#7) Cn notation:
ax.plot(t, .7*s, color='C4', linestyle='--')
#8) tab notation:
ax.tick_params(labelcolor='tab:orange')
plt.show()
```

运行结果如图 8-24 所示。

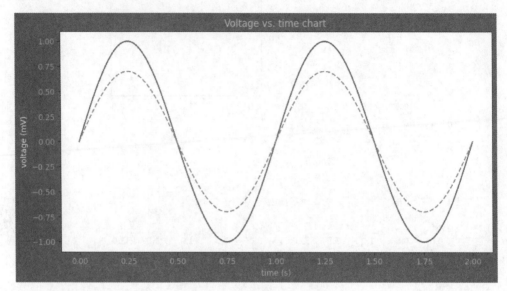

图 8-24　Matplotlib 指定颜色

（2）使用 colormap 设置一组颜色

有些图表支持使用 colormap 的方式配置一组颜色，从而在可视化中通过色彩的变化表达更多信息。

本页彩图

```
In  [34]:  x=np.random.randn(50)
           y=np.random.randn(50)
           plt.scatter(x,y,c=x,cmap='RdPu');
```

运行结果如图 8-25 所示。

```
In  [35]:  #colormap 使用
           ##ListedColormap
           #取多种颜色
           plt.subplot(1, 4, 1)
           #plt.bar(range(5) , range(1,6), color=plt.cm.Accent(range(5)))
           #plt.bar(range(5), range(1,6), color=plt.cm.get_cmap('Accent')(range(5)))
           plt.bar(rang(5), rang(1,6), color=plt.get_cmap('Accent')(range(5)))
           #取某一种颜色
           plt.subplot(1, 4, 2)
           plt.bar(range(5), range(1,6), color=plt.cm.Accent(4))
           ##LinearSegmentedColormap
           #取多种颜色
           plt.subplot(1, 4, 3)
           plt.bar(range(5), range(1,6), color=plt.get_cmap('Blues')(np.linspace(0, 1, 5)))
```

```
#取一种颜色
plt.subplot(1, 4, 4)
plt.bar(range(5), range(1,6), color=plt.get_cmap('Blues')(3));
```

运行结果如图 8-26 所示。

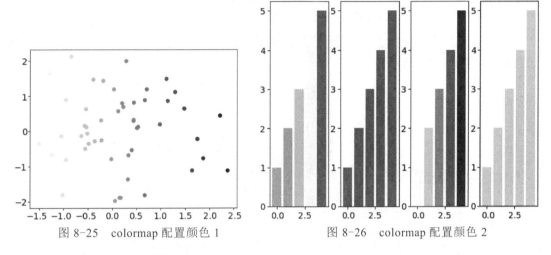

图 8-25　colormap 配置颜色 1　　　图 8-26　colormap 配置颜色 2

3. 设置 plot 的样式和色彩

plot 函数中支持除 X、Y 以外的参数，还有以字符串形式存在的参数，来控制颜色、线型、点型等要素。

本页彩图

（1）颜色

In　[36]:
```
plt.style.use('default')
#元组格式颜色 RGB 或 RGBA
plt.plot([1,2,3],[1,2,3], color=(0.1, 0.2, 0.5, 0.8));
#HEX 格式颜色 RGB 或 RGBA
plt.plot([1,2,3],[2,3,4], color='#0f0f0f80')
#灰度色阶
plt.plot([1,2,3,4],[1,4,2,3], color='0.1')
#单字符基本颜色
plt.plot([1,2,3],[3,4,5], color='y', alpha=0.1);   #透明度 alpha 参数
#名称颜色
plt.plot([1,2,3],[4,5,6], color='blue', alpha=0.4);
```

运行结果如图 8-27 所示。

（2）线型、线宽、线长

线型：参数 linestyle 或 ls。

线宽：参数 linewidth 或 lw。

线长：参数 dashes，设置破折号序列各段的长度。

In [37]:
```
x=np.arange(0,2)
y=np.arange(1, 3)
plt.plot(x,y, ls='-', lw=1)
plt.plot(x,y+1, ls='-', lw=2)
#起始是 2 个点的长度，接下来是 5 个点的长度空白区，然后是 5 个点的长度线段
#最后是 2 个点的长度空白区，依据图形循环
plt.plot(x,y+2,ls=': ', lw=3, dashes=[2, 5, 5, 2]);
```

运行结果如图 8-28 所示。

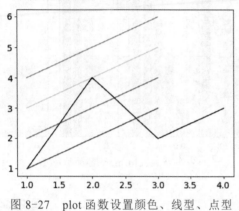

图 8-27　plot 函数设置颜色、线型、点型

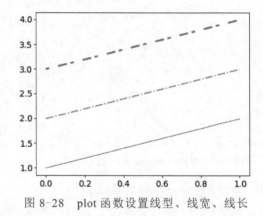

图 8-28　plot 函数设置线型、线宽、线长

（3）点型

In [38]:
```
x=np.arange(2,4,0.2)
y=np.arange(1,3,0.2)
plt.plot(x,y, marker='1')
plt.plot(x,y+0.5, marker='s')
plt.plot(x,y+1, marker='*')
plt.plot(x,y+1.5, marker='o')
```

运行结果如图 8-29 所示。

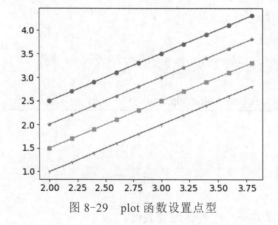

图 8-29　plot 函数设置点型

本页彩图

（4）MATLAB 风格的参数

In　[39]:
```
x=np.linspace(0, 5, 10)
plt.plot(x,x**2, 'b^:')    #blue line with dots
plt.plot(x,x**3, 'go-:')    #green dashed line
plt.show()
```

8.2.4　知识巩固

1. matplotlibrc 文件

matplotlibrc 文件相关知识请扫描二维码查看。

2. 3 种代码方式设置样式

3 种代码方式设置样式请扫描二维码查看。

拓展阅读 8-2-1　　拓展阅读 8-2-2

3. Matplotlib 支持的指定颜色及格式

Matplotlib 支持的指定颜色及格式相关知识请扫描二维码查看。

4. Colormap

Colormap 相关知识请扫描二维码查看。

拓展阅读 8-2-3　　拓展阅读 8-2-4

5. 线条颜色、线条样式和点标记

Matplotlib 绘图中的线条颜色、线条样式和点标记相关知识请扫描二维码查看。

拓展阅读 8-2-5

任务 8.3　绘制其他 2D 图形

PPT：任务 8.3
绘制其他 2D 图形

8.3.1　任务描述

① 绘制多图在同一个画布中。
② 绘制直方图。
③ 绘制误差条。
④ 绘制条形图。
⑤ 绘制饼图。

微课 8-5
绘制其他 2D
图形

⑥ 绘制散点图。

⑦ 设置图形内文字和注释。

8.3.2 任务分析

① 绘制多图在同一个画布中：MATLAB 风格接口和面向对象接口两
种方式。

微课 8-6
绘制其他 2D
图形实践操作

② 绘制直方图：plt.hist 函数。

③ 绘制误差条：plt.errorbar 函数。

④ 绘制条形图：plt.bar 函数。

⑤ 绘制饼图：plt.pie 函数。

⑥ 绘制散点图：plt.scatter 函数。

⑦ 设置图形内文字和注释：plt.text 函数和 plt.annotate 函数。

8.3.3 任务实现

1. 多种图表示例

In [40]:
```
#通过 pyplot 接口绘制多种 2D 图表
x=[1, 2, 3, 4]
y=[5, 4, 3, 2]
#如果给 figure() 方法提供一个字符串参数，如 sample charts，这个字符串就会成为窗口
的后台标题；如果通过相同的字符串参数调用 figure() 方法，将会激活相应的图表
#并且接下来的绘图操作都在此图表中进行
plt.figure()  #创建一个新的图表
#把图表分隔成 2×3 的网格，也可以用 plt.subplot(2, 3, 1) 这种形式调用
#第 1 个参数表示行数，第 2 个参数表示列数，第 3 个参数表示标号
plt.subplot(231)
plt.plot(x, y)  #折线图


plt.subplot(232)
plt.bar(x, y)  #柱状图


plt.subplot(233)
plt.barh(x, y)  #水平柱状图


plt.subplot(234)
plt.bar(x, y)
```

```
y1=[7,8,5,3]
#绘制堆叠柱状图，将两个柱状图方法调用连在一起
#通过设置参数bottom=y，把两个柱状图连接起来形成堆叠柱状图
plt.bar(x, y1, bottom=y, color='r')


plt.subplot(235)
plt.boxplot(x)    #箱线图


plt.subplot(236)
plt. scatter(x, y);    #散点图
```

运行结果如图 8-30 所示。

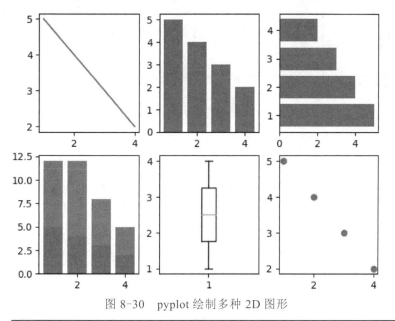

图 8-30   pyplot 绘制多种 2D 图形

In   [41]:
```
#通过面向对象接口绘制多种2D图表
n=np.array([0,1,2,3,4,5])
xx=np.linspace(-0.7, 1, 100)
x=np.linspace(-3.3, 3.3, 101)


fig, axes=plt.subplots(1, 4, figsize=(12,3))
axes[0].scatter(xx, xx+0.25*np.random.randn(len(xx)))    #散点图
axes[0].set_title("scatter")


axes[1].step(n, n**2, lw=2)    #阶梯图
axes[1].set_title("step")
```

```
axes[2].bar(n, n**2, align="center", width=0.5, alpha=0.5)   #条形图
axes[2].set_title("bar")

axes[3].fill_between(x, x**2, x**3, color="green", alpha=0.5);   #条带图
axes[3].set_title("fill_between");
```

运行结果如图 8-31 所示。

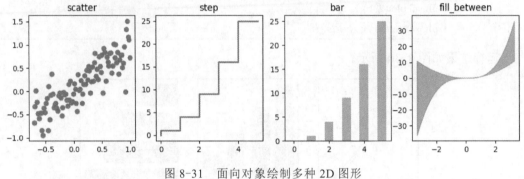

图 8-31 面向对象绘制多种 2D 图形

2. 直方图

直方图（histogram）展示离散型数据分布情况，直观理解为将数据按照一定规律分区间，统计每个区间中落入的数据频数，绘制区间与频数的柱状图，即为直方图。

```
In   [42]:  y=np.random.randn(100)
            plt.hist(y, bins=5);   #设置 bins 参数，绘制 5 个 bin
```

运行结果如图 8-32 所示。

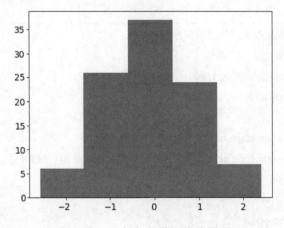

图 8-32 5 个直方图组成的图形

```
In  [43]:  n=np.random.randn(1000)
           fig, axes=plt.subplots(1, 2, figsize=(12,4))
           axes[0].hist(n)    #普通直方图，概率密度函数 f(x)
           axes[0].set_title("Default histogram")
           axes[0].set_xlim((min(n), max(n)))
           axes[1].hist(n, cumulative=True)    #累积直方图，分布函数 F(x)
           axes[1].set_title("Cumulative detailed histogram")
           axes[1].set_xlim((min(n), max(n)));
```

运行结果如图 8-33 所示。

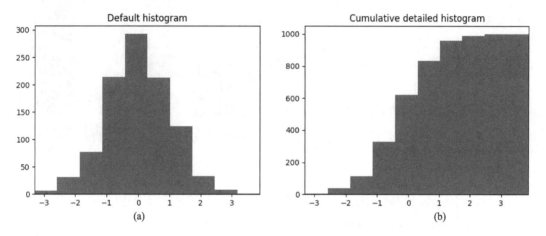

图 8-33　普通直方图和累积直方图

3. 误差条

将 X 和 Y 绘制为带有附加误差线的直线或标记。

```
In  [44]:  x=np.arange(0, 4, 0.2)
           y=np.exp(-x)
           el=0.1 * np.abs(np.random.randn(len(y)))
           #yerr 参数，设置误差条的长度，误差条上下部分的长度均为 el 的长度；fmt 参数设置
           线型
           #ecolor 参数设置误差条的颜色，如果没有该参数，则使用点的颜色
           #elinewidth 参数设置误差条的线宽；capsize 参数设置误差条的帽宽
           plt.errorbar(x, y, yerr=el, fmt='x: ', ecolor='b', elinewidth=1, capsize=5);
```

运行结果如图 8-34 所示。

4. 条形图

条形图是用宽度相同的条形的高度来表示数据多少的图形，可以横置或纵置，纵置时

也称为柱形图。

```
In  [45]:  #垂直条形图
           dic={'A': 40, 'B': 70, 'C': 30, 'D': 85}
           for kk,vv in dic.items():
               plt.bar(kk, vv);   #bar 函数第一个参数为条形左下角的 X 轴坐标，第二个参数为条
           形的高度
```

运行结果如图 8-35 所示。

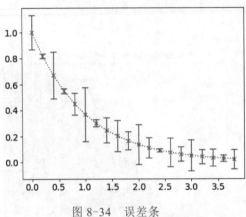

图 8-34　误差条

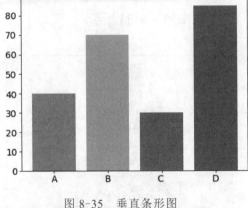

图 8-35　垂直条形图

```
In  [46]:  #多个垂直条形图并列显示
           data1=10*np.random.rand(5)
           data2=10*np.random.rand(5)
           data3=10*np.random.rand(5)
           e2=0.5*np.abs(np.random.randn(len(data2)))
           locs=np.arange(1, len(data1)+1)
           width=0.3   #width 参数设置条形宽度
           bar1=plt.bar(locs, data1, width=width, label="data1");
           #yerr 参数设置垂直误差条，color 参数设置条形颜色
           bar2=plt.bar(locs+width, data2, yerr=e2, width=width, color='red', label="data2");
           bar3=plt.bar(locs+2*width, data3, width=width, color='green', label="data3");
           #设置坐标刻度标签，rotation 参数设置刻度标签旋转
           plt.xticks(locs+width*1.5, locs,rotation=-30);
           plt.legend(loc=2)   #图例在左边

           def autolabel(rects):
               """柱子上添加柱子的高度，使用添加注释方式"""
               for rect in rects:
                   height=round(rect.get_height(),2)
                   plt.annotate('{}'.format(height),
                           xy=(rect.get_x()+rect.get_width()/2,height),
```

```
                        xytext=(0, 0.8),   #柱子上方距离
                        textcoords="offset points",
                        ha='center', va='bottom')
autolabel(bar1)
autolabel(bar2)
autolabel(bar3)
plt.tight_layout()   #自动调整子图参数，使之填充整个图像区域
```

运行结果如图 8-36 所示。

In　[47]:
```
#堆积条柱形图
data1=10*np.random.rand(5)
data2=10*np.random.rand(5)
data3=10*np.random.rand(5)
locs=np.arange(1, len(data1)+1)
width=0.5
#bottom 参数：柱子起始位置对应纵坐标，默认从 0 开始
bar1=plt.bar(locs, data1, width=width, lable1="data1");
#bottom=data1: 柱子起始高度设置为 data1 柱子的结束位置
bar2=plt.bar(locs, data2, bottom=data1, width=width-0.1, lable1="data2");
#bottom=data1+data2: 柱子起始高度设置为 data1+data2 柱子的结束位置
bar3=plt.bar(locs, data3, bottom=data1+data2,width=width-0.2, lable1="data3");
plt.xticks(locs, locs,rotation=-30);   #设置坐标刻度标签，rotation 参数设置刻度标签旋转
plt.legend(loc=1); #图例在左边
```

运行结果如图 8-37 所示。

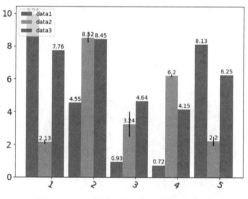
图 8-36　多个垂直条形图并列

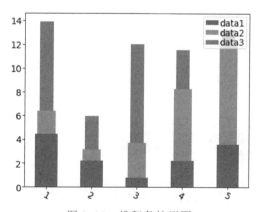
图 8-37　堆积条柱形图

In　[48]:
```
#水平条形图 barh()，比较和垂直柱形图中参数的细微差别
labels=['A', 'B', 'C', 'D']
plt.barh([1,2,3,4], [3,2,5,3],
        height=0.5,   #柱子宽度，默认为 0.8
        linewidth=2,   #柱子外框线宽度
```

本页彩图

```
          edgecolor='r',  #柱子外框线 xian 色
          tick_labe1=labe1s,  #自定义每个柱子的名称
          );
```

运行结果如图 8-38 所示。

5. 饼图

本页彩图

饼图可以显示一个数据序列中各项的大小与各项总和的比例，每个数据序列具有唯一的颜色或图形，并且与图例中的颜色是相对应的。饼图适合展示各部分占总体的比例，条形图适合比较各部分的大小。

In [49]:
```
#labels 参数设置每一块的标签；labeldistance 参数设置标签距离圆心的距离（比例值）
#autopct 参数设置比例值的显示格式；pctdistance 参数设置比例值文字距离圆心的距离
#explode 参数设置每一块顶点距圆形的长度（比例值）；colors 参数设置每一块的颜色
#shadow 参数为布尔值，设置是否绘制阴影
mpl.rcParams['font.family']= 'SimHei'
plt.figure(figsize=(6, 6))
x=[4, 9, 21, 55, 30, 18]
labels=['Swiss', 'Austria', 'Spain', 'Italy', 'France', 'Benelux']
explode=[0.2, 0.1, 0, 0, 0.1, 0]
colors=['r', 'k', 'b', 'm', 'c', 'g']
plt.pie(x, labels=labels, labeldistance=1.2, explode=explode,
        colors=colors, autopct='%1.1f%%', pctdistance=0.5, shadow=True);
plt.title('饼图');
```

运行结果如图 8-39 所示。

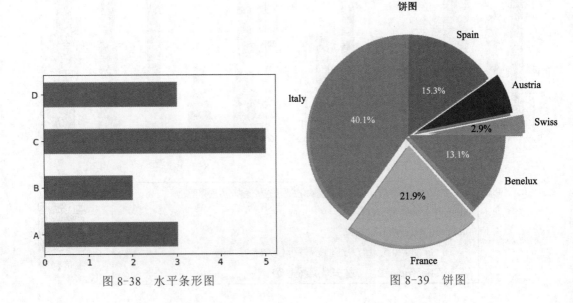

图 8-38 水平条形图   图 8-39 饼图

6. 散点图

散点图是指数据点在直角坐标系平面上的分布图，通常用于比较跨类别的数据。散点图用于展示数据的分布和聚合情况。

```
In [50]: plt.rcParams['axes.unicode_minus']=False   #解决坐标轴负数的负号显示问题
         x=np.random.randn(10)
         y=np.random.randn(10)
         #s 参数设置散点的大小；c 参数设置散点的颜色；marker 参数设置散点的形状
         plt.scatter(x, y, s=20, c='red', label="label1");
         x2=np.random.randn(10)
         y2=np.random.randn(10)
         plt.scatter(x2, y2, s=60, c='blue', marker='+', label="label2");
         plt.legend();
```

运行结果如图 8-40 所示。

7. 图形内的文字

plt.text()：显示文本（基于坐标）。

plt.figtext()：显示文本（基于图形）。figtext 函数用于在图形上的任何位置添加文本，甚至可以在 Axis 之外添加文本。它使用完整的图形作为坐标，其中左下表示（0, 0），右上表示（1,1），图形的中心是（0.5,0.5）。

```
In [51]: x=np.arange(0, 7, .01)
         y=np.sin(x)
         plt.plot(x, y)
         #向数据坐标中位于x、y 位置的坐标轴添加文本
         plt.text(0.1, -0.04,   #文本 X 和 Y 轴坐标
                 s='sin(0)=0',   #文本内容
                 fontdict=dict(fontsize=12, color='r', family='monospace'),   #字体属性字典
                 #添加文字背景色
                 bbox={'facecolor': '#74C476',   #填充色
                       'edgecolor': 'b',   #外框色
                       'alpha': 0.5,   #框透明度
                       'pad': 0.5,   #文本与框周围距离
                       'boxstyle': 'round'   #背景文本框形状
                      }
                 );
```

运行结果如图 8-41 所示。

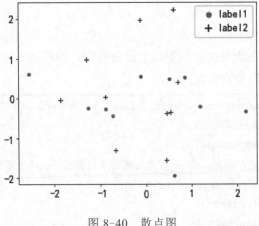

图 8-40 散点图

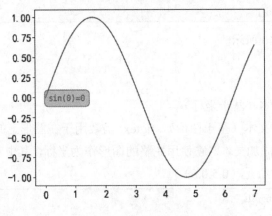

图 8-41 图形内的文字

In [52]:
```
#给图形上的坐标点添加数据标签
x=np.arange(1, 13)
y=np.array([1223,943,2323,3452,5342,2323,4967,3423,898,5723,5123,3212])
plt.plot(x, y, "ro-", label="每月工资")
plt.title("王鹏 1-12 月工资")
plt.xlabel("月份")
plt.ylabel("工资")
plt.legend(loc="best")
for x, y in zip(x,y):
    plt.text(x,y,y,ha="center",va="bottom",fontsize=10)
plt.show()
```

运行结果如图 8-42 所示。

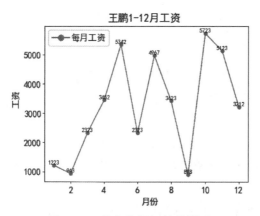

图 8-42　具有数据标签的图形

8. 图形内的注释

注释就是在图形上绘制文本等说明信息。

In　[53]:
```
#xy 参数设置箭头指示的位置；xytext 参数设置注释文字的位置
#arrowprops 参数以字典的形式设置箭头的样式
#width 参数设置箭头长方形部分的宽度；headlength 参数设置箭头尖端的长度
#headwidth 参数设置箭头尖端底部的宽度
#shrink 参数设置箭头顶点、尾部与指示点、注释文字的距离（比例值）
y=[13, 11,13,12,13,10,30,12,11,13,12,12,12,11,12]
plt.plot(y);
plt.ylim(ymax=35);   #为了让注释不会超出图的范围，需要调整 Y 坐标轴的界限
plt.annotate('this spot must really\nmean something', xy=(6, 30), xytext=(8, 31, 5),
             arrowprops=dict(width=2,headlength=10,
                             headwidth=1, facecolor='black', shrink=0.1));
plt.show()
```

运行结果如图 8-43 所示。

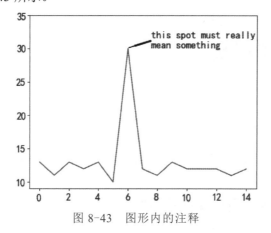

图 8-43　图形内的注释

8.3.4 知识巩固

Matplotlib 能够绘制折线图、散点图、柱状图、直方图、箱线图、饼图等图表类型。实践中，需要知道不同的统计图到底能够表示什么，以此来决定选择哪种统计图更直观地呈现数据。

（1）折线图

以折线的上升或下降表示统计数量的增减变化的统计图。

特点：能够显示数据的变化趋势，反映事物的变化情况（变化）。

（2）直方图

由一系列高度不等的纵向条纹或线段表示数据分布的情况。一般用横轴表示数据范围，纵轴表示分布情况。

特点：绘制连续性的数据，展示一组或者多组数据的分布状况（统计）。

（3）条形图

排列在工作表的列或行中的数据可以绘制到条形图中。

特点：绘制离散的数据，能够一眼看出各个数据的大小，比较数据之间的差别（统计）。

（4）散点图

用两组数据构成多个坐标点，考察坐标点的分布，判断两个变量之间是否存在某种关联或总结坐标点的分布模式。

特点：判断变量之间是否存在数量关联趋势，展示离群点（分布规律）。

（5）箱线图

箱线图又称为盒须图、盒式图或箱形图，用来显示一组数据分散情况资料的统计图。

特点：简洁地概述数据集的特性，比较多个数据集，识别异常值。

（6）饼图

用于表示不同类别的占比情况，通过弧度大小来对比各种类别。

特点：比较清楚地反映部分与部分、部分与整体之间的比例关系，易于比较每个类别相对于总数的大小（比例）。

任务 8.4 高阶绘图

PPT：任务 8.4
高阶绘图

8.4.1 任务描述

① 绘制多个子图，包括镶嵌式和非镶嵌式、均匀状态和非均匀状态。

② 设置多个子图共享坐标轴。

③ 设置图形轴框线、设置 Figure 的大小。

④ 添加表格、添加数学表达式、读取和显示图片。

微课 8-7
高阶绘图

8.4.2　任务分析

1．基于面向对象接口绘制多个子图方法

- 镶嵌式：fig.add_axes()。
- 非镶嵌式：fig.add_subplot()、plt.subplot()、plt. subplots()。
- 均匀状态：plt.subplots()。
- 非均匀状态：plt.subplot2grid()、GridSpec()、fig.add_gridspec()。

2．共享坐标轴方法或参数

- 同一个图中共享 2 条 X 轴或 2 条 Y 轴：twinx()、twiny()。
- 不同的图保持一致的 X 轴或 Y 轴：sharex 参数或 sharey 参数。

3．设置图形轴框线方法

- 轴框线可见：ax.spines[].set_visible()，通过属性['top', 'bottom', 'left', 'right']分别设置上、下、左、右的轴线，或者 ax.spines[].set_color("none")。
- 中央坐标轴移动方法：ax.spines[].set_position()。

4．设置 Figure 的大小方法或参数

- 使用 Figsize 参数。
- 使用 set_size_inches()。
- 使用 fig.subplots_adjust()调整图表大小。

5．添加表格方法

plt.table()。

6．图表中插入数学表达式方法

使用 ax.text()和 LaTeX 表达式。

7．图片操作方法

- 读取和显示：plt.imread()、plt.imshow()、Image.open()、image.show()。
- 保存：plt.savefig()。

8.4.3　任务实现

高阶绘图任务实现请扫描二维码查看。

微课 8-8
高阶绘图实践
操作

拓展阅读 8-4-1

8.4.4　知识巩固

1．两种绘图接口

两种绘图接口相关知识请扫描二维码查看。

2．绘制均匀多子图

绘制均匀多子图相关知识请扫描二维码查看。

拓展阅读 8-4-2　　拓展阅读 8-4-3

3．绘图基本步骤

绘图基本步骤相关知识请扫描二维码查看。

拓展阅读 8-4-4

小结

本项目介绍了数据可视化 Matplotlib 库，主要包括 MATLAB 接口和面向对象接口两种绘图方式、常见不同类型图表的绘制、辅助显示层设置优化图形外观。数据可视化在数据分析中是一个非常关键的辅助工具，有利于帮助人们理解业务、理解数据。Seaborn 是一个基于 Matplotlib 且数据结构与 Pandas 统一的统计图制作库，其相关知识请扫描二维码查看。

拓展阅读 8-5-1

练习

文本：参考答案

一、填空题

1．_____能够显示数据的变化趋势，_____绘制连续性的数据，展示一组或者多组数据的分布状况。

2．Matplotlib 提供了两种常用的绘图接口，分别是基于 MATLAB 的绘图接口和基于_____的绘图接口。

3．plt.xlabel()设置 X 轴名称，_____设置 Y 轴名称。plt.xticks()设置 X 轴刻度，plt.yticks()设置_____轴刻度。

4．Matplotlib 将默认参数配置保存在_____文件中，通过修改配置文件，可修改图标的缺省样式。

5．text()函数可以在图形内指定坐标添加文字，annotate()函数可以在图形内指定坐标添加_____。

二、选择题

1．Matpltlib 中绘制图形，可以通过传递参数设置当前绘图区的标题及位置。若标题是 "a"，以下设置绘图区标题写法正确的是（   ）。

　　A．plt.text(x,y, "a")　　　　　　　　B．plt.title(x,y, "a")

　　C．plt.text("a",loc='center')　　　　D．plt.title("a",loc='center')

2．下列图表中，适用于比较跨类别数据的是（   ）。

　　A．直方图　　　　B．折线图　　　　C．饼图　　　　D．散点图

3．在创建 Figure 对象时，可以指定（   ）参数来设置画布的尺寸。

　　A．num　　　　B．dpi　　　　C．figsize　　　　D．facecolor

4．下列选项中，可以一次性创建多个子图的是（   ）。

　　A．figure()　　　B．subplot()　　　C．add_subplot()　　　D．subplots()

5．下列函数中，可以为图表设置图例的是（   ）。

　　A．legend()　　　B．xlabel()　　　C．title()　　　D．xlim()

三、简答题

1．简述 Matplotlib 图形结构。

2．简述绘图基本步骤。

四、程序题

已知某高校某专业学期期末考试全体男生、女生各科的平均成绩，统计结果见表 8-1。根据数据绘制柱形图，并实现其细节。

① 设置 Y 轴的标签为"平均成绩（分）"。

② 设置 X 轴的刻度标签位于两组柱形中间。

③ 添加标题为"某专业男生、女生的平均成绩"。

④ 添加图例。

⑤ 向每个柱形的顶部添加注释文本，标注平均成绩。

表 8-1　某专业男生、女生的平均成绩

学　　科	平均成绩（男）	平均成绩（女）
Python 程序设计	80	82
数据爬虫	88	90
数据清洗	72	78
数据处理	90	89
数据可视化	82	86

项目9 某短视频平台用户行为分析

项目描述

PPT：项目9
某短视频平台用户
行为分析

热门短视频平台的用户行为数据有极高的探索分析价值。本项目根据 1737312 条用户行为数据，进行数据分析，目的是对平台运营、平台短视频创作者提出建议，更好地进行内容优化、产品运营。

社区型短视频因为社交互动的属性，本质上拥有更强的用户黏性和用户吸引力，所满足的用户需求蕴含着用户情感，可以针对主要渠道内容进行商业化策略投放，效率更高。

项目分析

项目以某短视频平台的用户行为数据作为参考，运用前面学到的知识做数据处理与探索分析，并以图表的形式可视化统计数据，分析框架如下。

① 平台用户数据指标概览。

- 平台日播放量的变化。
- 每日活跃用户数的变化。
- 每日作者量的变化。
- 每日作品量的变化。

② 平台创作者视频数据分析。

- 作品数量与播放率、点赞率关系。
- 作品播放量累计占比贡献率。
- 作品时长与播放量、作品数量、完播率、点赞率的关系。

- 作品发布时间与点赞率和完播率之间的关系。
- 作品发布时间与播放量、投稿数之间的关系。
- 作品背景音乐与播放量、完播率、点赞率的关系。
- 作品背景音乐播放量日变化趋势。
- 平台视频数据日播放量、日用户、日制作者、日投稿数变化趋势。
- 用户观看视频的渠道来源分布。
③ 平台活动效果评估。
- 活动前后新旧人数对比。
- 活动前后播放量对比。
- 活动前后活跃用户数对比。

项目目标

- 学会从文件读取数据。
- 学会理解数据。
- 学会数据预处理和数据探索。
- 学会依据问题可视化数据。
- 学会数据分析结果诊断和建议。

微课 9-1
用户行为分析
实践操作（1）

9.1 数据导入

数据来源：某短视频平台 2019 年 10 月的用户行为数据。

```
In  [1]:   import numpy as np
           import pandas as pd
           import matplotlib.pyplot as plt
           import seaborn as sns
           from matplotlib import ticker    #用于定义 tick 位置和格式的对象的容器
           #Tick：x 轴和 y 轴上的刻度对象，每一个刻度都是一个 Tick 对象
           plt.style.use('ggplot')
           sns.set(style='darkgrid', font_scale=1.2)   #设置绘图风格，背景黑色网格，普通字体的 1.2 倍
           plt.rcParams["font.family"]="SimHei"    #设置为中文字体
           plt.rcParams["axes.unicode_minus"]=False    #坐标轴支持负号

In  [2]:   data=pd.read_csv('douyin_dataset.csv')   #读取 csv 文件，构建 DataFrame 对象 data
           data.head()
```

Out[2]:

	Unnamed:0	uid	user_city	item_id	author_id	item_city	channel
0	3	15692	109.0	691661	18212	213.0	0
1	5	44071	80.0	1243212	34500	68.0	0
2	16	10902	202.0	3845855	634066	113.0	0
3	19	25300	21.0	3929579	214923	330.0	0
4	24	3656	138.0	2572269	182680	80.0	0

finish	like	music_id	duration_time	real_time	H	date
0	0	11513.0	10	2019-10-28 21:55:10	21	2019-10-28
0	0	1274.0	9	2019-10-21 22:27:03	22	2019-10-21
0	0	762.0	10	2019-10-26 00:38:51	0	2019-10-26
0	0	2332.0	15	2019-10-25 20:36:25	20	2019-10-25
0	0	238.0	9	2019-10-21 20:46:29	20	2019-10-21

9.2 数据理解

9.2.1 查看列索引列表

In [3]: data.columns

Out[3]: Index(['Unnamed: 0', 'uid', 'user_city', 'item_id', 'author_id', 'item_city',
       'channel', 'finish', 'like', 'music_id', 'duration_time', 'real_time',
       'H', 'date'],
      dtype='object')

9.2.2 解释列索引

数据：某短视频平台用户行为。

Unnamed：0 第一列没列名（顺序 ID，但是不连续，估计数据集被筛选处理过）。

uid：平台用户 id。

uesr_city：用户所在城市。

item_id：用户浏览的作品 id。

author_id：作品发布的作者 id。

item_city：作品发布的城市。

channel：观看该作品的来源，例如是通过 APP 还是链接来观看。

finish：是否完整观看该作品。

like：是否对作品点赞。

music_id：作品背景音乐 id。

duration_time：作品时长（s）。

real_time：作品发布时间。

H：取 real_time 的小时（目的是探索在哪个时间段发布的视频易被用户观看）。

date：取 real_time 的年月日。

9.2.3 查看维度

```
In [4]:  data.shape
```

```
Out[4]:  (1737312, 14)
```

9.2.4 查看摘要

```
In [5]:  data.info(show_counts =True)  #观察记录数、列索引及类型、每列中非空值的数量
```

<class'pandas.core.frame.DataFrame'>

RangeIndex: 1737312 entries, 0 to 1737311

Data columns (total 14 columns):

#	Column	Non-Null Count		Dtype
0	Unnamed: 0	1737312	non-null	int64
1	uid	1737312	non-null	int64
2	user_city	1737312	non-null	float64
3	item_id	1737312	non-null	int64
4	author_id	1737312	non-null	int64
5	item_city	1737312	non-null	float64
6	channel	1737312	non-null	int64
7	finish	1737312	non-null	int64
8	like	1737312	non-null	int64
9	music_id	1737312	non-null	float64
10	duration_time	1737312	non-null	int64
11	real_time	1737312	non-null	object
12	H	1737312	non-null	int64
13	date	1737312	non-null	object

dtypes: float64(3), int64(9), object(2)

memory usage:185.6+MB

9.2.5 查看描述性统计信息

```
In [6]:  data.describe()  #观察数据集分布的集中趋势、离散度和形状的统计，统计不包括
         NaN 值
```

Out[6]:

	Unnamed:0	uid	user_city
count	1.737312e+06	1.737312e+06	1.737312e+06
mean	2.944508e+06	2.075675e+04	1.149420e+02
std	1.699619e+06	1.707054e+04	8.433361e+01
min	3.000000e+00	0.000000e+00	0.000000e+00
25%	1.471364e+06	5.875000e+03	4.600000e+01
50%	2.945190e+06	1.556800e+04	9.900000e+01
75%	4.415612e+06	3.334900e+04	1.670000e+02
max	5.886699e+06	7.071000e+04	3.930000e+02

item_id	author_id	item_city	
1.737312e+06	1.737312e+06	1.737312e+06	1.737312e+06
9.008214e+05	1.078839e+05	9.137186e+01	4.602
1.093154e+06	1.657125e+05	8.031036e+01	3.717
0.000000e+00	0.000000e+00	0.000000e+00	0.0000
6.299500e+04	9.740000e+03	2.900000e+01	0.0000
5.361870e+05	3.670000e+04	6.900000e+01	0.0000
1.246897e+06	1.248510e+05	1.370000e+02	0.0000
4.122678e+06	8.503070e+05	4.600000e+02	4.000

9.3 问题定义

问题 1：日播放量、日用户量、日作者量、日作品量随时间的变化趋势。

问题 2：作品数量与播放率、点赞率关系。

问题 3：作品播放量累计占比贡献率。

问题 4：作品时长与播放量、作品数量、完播率、点赞率的关系。

问题 5：作品发布时间与点赞率和完播率之间的关系。

问题 6：作品发布时间与播放量、投稿数之间的关系。

问题 7：作品背景音乐与播放量、完播率、点赞率的关系。

问题 8：作品背景音乐播放量日变化趋势。

问题 9：平台视频数据日播放量、日用户、日制作者、日投稿数变化趋势。

问题 10：用户观看视频的渠道来源分布查看。

问题 11：平台的活动效果评估。

9.4　数据预处理

9.4.1　空值和重复值

```
In [7]:  data.isnull().sum()  #统计每列的缺失值情况，无缺失值，无需处理
```

```
Out[7]:  Unnamed:0          0
         uid                0
         user_city          0
         item_id            0
         author_id          0
         item_city          0
         channel            0
         finish             0
         like               0
         music_id           0
         duration_time      0
         real_time          0
         H                  0
         date               0
         dtype: int64
```

```
In [8]:  data.duplicated().sum()  #查看重复值，无重复值，无需处理
         #data.drop_duplicates(inplace=True) 删除重复值
```

```
Out[8]:  0
```

9.4.2　字段名处理

```
In [9]:  colNameDict={'Unnamed: 0': 'ID'}
         data.rename(columns=colNameDict,inplace=True)  #列索引重命名
```

9.4.3　数据格式处理

```
In [10]:  #时间格式处理
          data['real_time']=pd.to_datetime(data['real_time'], format='%Y-%m-%d %H:%M:%S')
          data['date']=pd.to_datetime(data['date'], format='%Y-%m-%d')
          #使用花式索引查看修改格式后的数据
          data[['ID', 'real_time', 'date']].head()
```

Out[10]:

	ID	real_time	date
0	3	2019-10-28 21:55:10	2019-10-28
1	5	2019-10-21 22:27:03	2019-10-21
2	16	2019-10-26 00:38:51	2019-10-26
3	19	2019-10-25 20:36:25	2019-10-25
4	24	2019-10-21 20:46:29	2019-10-21

数据预处理常见的操作包括检查和处理缺失值、重复值、异常值，以及字符串和数据转换，目的是完成数据质量分析和数据转换。

缺失值检查：df.info 或 df.isnull.sum，使用浮点值 np.nan（或 NaN）表示浮点和非浮点数组中的缺失数据，Python 内置的对象类型 None 也会被当作缺失数据。

分类变量缺失值处理：填充某些字符来代替缺失值。

连续变量缺失值处理：填充均值、中位数、众数、分桶处理、根据已有的值拟合。

重复值处理：检测重复值方法 pd.duplicated()，删除重复值方法 pd.drop_duplicates()。

异常值处理：检测常用的方法有简单统计量分析、3σ 原则（拉依达准则）和箱形图，处理方式可以是直接删除、替换、不处理、视为缺失值的处理。

字符串和数据转换常见的操作： Series.str、Series.map、Series.apply、DataFrame.apply。

9.5　数据探索与可视化

微课 9-2
用户行为分析
实践操作（2）

9.5.1　问题 1

1. 数据探索

```
In  [11]:  #统计日作品播放量
           data_id=data.groupby('date'). 'count()['ID']
           data_id.head()
```

```
Out[11]:  date
          2019-09-21      112
          2019-09-22     1461
          2019-09-23     2408
          2019-09-24     4122
          2019-09-25     6108
          Name: ID，dtype: int64
```

```
In  [12]:  #统计日不同用户量
           %time data_uid=data.groupby('date')[ 'uid'].nunique()
```

```
%time data.groupby('date').nunique()['uid']
#从分组原理角度思考两种不同写法性能差距原因
data_uid.head()
```

Wall time: 2.05 s

Wall time:17.8 s

Out[12]:
```
date
2019-09-21    105
2019-09-22    1331
2019-09-23    2077
2019-09-24    3428
2019-09-25    4912
Name: uid, dtype: int64
```

In [13]:
```
#统计日不同作者量
data_author=data.groupby('date') ['author_id'].nunique()
data_author.head()
```

Out[13]:
```
date
2019-09-21    92
2019-09-22    716
2019-09-23    1220
2019-09-24    1843
2019-09-25    2471
Name: author_id，dtype: int64
```

In [14]:
```
#统计日不同作品量
data_item=data.groupby('date') ['item_id'].nunique()
data_item.head()
```

Out[14]:
```
date
2019-09-21    93
2019-09-22    734
2019-09-23    1267
2019-09-24    1929
2019-09-25    2605
Name: item_id，dtype: int64
```

2. 数据可视化

In [15]:
```
#绘制日播放量、日用户量、日作者量、日作品量折线图
x=data_id.index
plt.figure(figsize=(12, 12))
ax1=plt.subplot(411)
```

```
plt.plot(x.values,data_id.values)
plt.setp(ax1.get_xticklabels(), visible=False)
plt.title('日播放量 日用户量 日作者量 日作品量随时间的变化趋势')
plt.ylabel('日播放量')
ax2=plt.subplot(412,sharex=ax1)
plt.plot(x.values,data_uid.values)
plt.setp(ax2.get_xticklabels(),visible=False)
plt.ylabel('日用户量')
ax3=plt.subplot(413,sharex=ax1)
plt.plot(x.values,data_author.values)
plt.setp(ax3.get_xticklabels(),visible=False)
plt.ylabel('日作者量')
ax4=plt.subplot(414,sharex=ax1)
plt.plot(x.values,data_item.values)
plt.setp(ax4.get_xticklabels(),visible=True)
plt.xticks(rotation=45)
plt.ylabel('日作品量')
plt.show()
```

运行结果如图 9-1 所示。

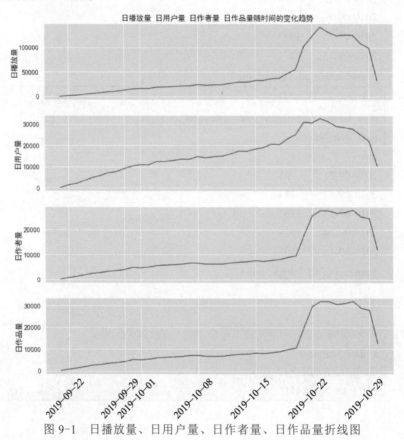

图 9-1 日播放量、日用户量、日作者量、日作品量折线图

由图 9-1 可知：

① 日播放量、日用户量、日作者量、日作品量变化趋势基本一致。

② 一段时间内，各项指标出现巨大增长，再回落到正常水平，推测该时间段有推广活动。

③ 活动对于各项指标有效果显著，对于视频作者而言，有活动一定要参加。

9.5.2 问题 2

1. 数据探索

```
In [16]: #统计作者作品数量top50
         author_50=data['author_id'].value_counts().iloc[:50]
         author_50.head()
```

```
Out[16]: 700     2648
         1478    2448
         2758    2279
         7783    2051
         2191    1974
         Name: author_id, dtype: int64
```

```
In [17]: #统计top50作者的点赞率
         author_1_50=data.groupby['author_id'].mean()['like'][author_50.index]
         author_1_50.head()
```

```
Out[17]: 700     0.001511
         1478    0.003676
         2758    0.003949
         7783    0.003413
         2191    0.006079
         Name: like, dtype: float64
```

```
In [18]: #统计top50作者播放率
         author_p_50=data ['author_id'].value_counts().iloc[:50]/len(data ['ID'])
         author_p_50.head()
```

```
Out[18]: 700     0.001524
         1478    0.001409
         2758    0.001312
         7783    0.001181
         2191    0.001136
         Name: author_id, dtype: float64
```

2. 数据可视化

```
In [19]: #作品数量与播放率、点赞率关系
```

```
#X 轴数据: 列表推导式 X 轴数据, 列表类型, 元素是字符串, 可以, 不推荐
#x=[str(i) for i in list(author_50, keys())]
#X 轴数据: 数组编程生成 X 轴数据, 数组类型, 元素是字符串, 可以, 推荐
x=author_50.index.astype('str').values
#X 轴数据: 直接取值, 数组类型, 因为原来的元素类型是整型, 所以绘图不可以
# x=list(author_50.index.values)

y1=author_50.values
y2= author_1_50.values
y3= author_p_50.values
fig.ax1=plt.subplots(figsize=(18,8))
color='tab:blue'
ax1.set_xlabel('作者 ID')
ax1.set_ylabel('作品数量', color=color)
ax1.bar(x, y1, color=color)
ax1.tick_params(axis='y',labelcolor=color)
plt.xticks(x,y1,rotation=45)
plt.title('作品数量与播放率、点赞率关系', {'fontsize': 24})
ax2=ax1.twinx()
color='tab:red'
ax2.set_ylabel('作品点赞率', color=color)
ax2.plot(x,y2,color=color)
ax2.tick_params(axis='y',labelcolor=color)
ax3=ax1.twinx()
color='tab:pink'
ax3.set_ylabel('作品播放率', color=color,fontsize=30)
ax3.plot(x,y3,color=color)
ax3.tick_params(axis='y',labelcolor=color)

plt.show()
```

运行结果如图 9-2 所示。

由图 9-2 可知:

① 作品数量与播放率基本成正比关系。

② 作品数量与点赞率并没有太大的关系。

③ 作者发布较多的作品, 可以获得人气积累, 但只有发布好的作品, 才能得到更多的点赞率, 获得更多的粉丝。

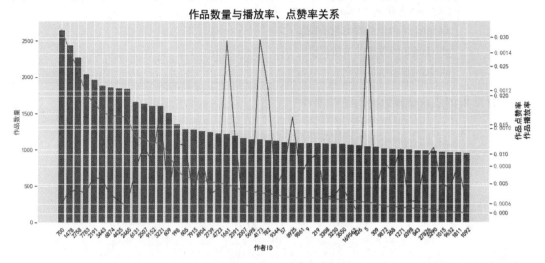

图 9-2　作品数量与播放率、点赞率关系

9.5.3　问题 3

1. 数据探索

```
In  [20]:  #降序统计作者作品播放量累计占比
           author_p=data['author_id'].value_counts().cumsum()/len(data['ID'])
           author_p
```

```
Out[20]:   700        0.001524
           1478       0.002933
           2758       0.004245
           7783       0.005426
           2191       0.006562
                         ...
           847907     0.999998
           136702     0.999998
           202206     0.999999
           208345     0.999999
           267906     1.000000
           Name: author_id, Length: 208187, dtype: float64
```

2. 数据可视化

```
In  [21]:  #作品播放量累计占比贡献
           x=np.array(range(len(author_p)))/len(author_p)   #按作品播放量降序的作者数量占比
           plt.figure(figsize=(12,6))
```

```
plt.plot(x,author_p.values)
plt.title('平台作品播放量贡献')
plt.xlabel('作者作品数量占比')
plt.ylabel('播放量占比')
```

运行结果如图 9-3 所示。

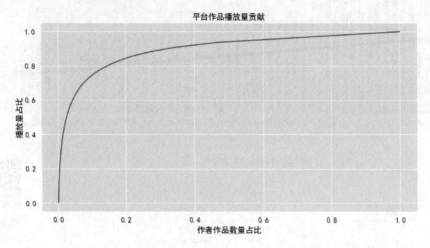

图 9-3　作品播放量累计占比

由图 9-3 可知，大约排名前 15%的作者贡献了 80%的播放量。

9.5.4　问题 4

1. 数据探索

In [22]:
```
#按时长统计用户数（用户不去重计数，即播放量）
#分组做法性能低
%time duration_uids_nums=data.groupby('duration_time').count()['uid']
%time data['duration_time'].value_counts().sort_index(ascending=True)
duration_uids_nums.head()
```

Wall time: 258 ms

Wall time: 32.4 ms

Out[22]:　duration_time

　　　　0　　　　18

　　　　1　　　　90

　　　　2　　　18339

　　　　3　　　14337

　　　　4　　　51232

　　　　Name: uid, dtype: int64

In [23]:
```
#按作品时长统计完播、点赞均值，取播放量大于100
time_finish=data.groupby('duration_time').mean()[['finish', 'like']]
duration_time_f_1=time_finish[duration_uids_nums>100]
duration_time_f_1.head()
```

Out[23]:

	finish	like
duration_time		
2	0.402367	0.009215
3	0.404757	0.010393
4	0.397740	0.010072
5	0.396791	0.010214
6	0.405341	0.009189

In [24]:
```
#按作品时长统计作品个数（作品去重计数）
duration_item_nums=data.groupby('duration_time')[ 'item_id'].nunique()
duration_item_nums.head()
```

Out[24]:
```
duration_time
0        9
1       41
2     5041
3     3701
4    13662
Name: item_id, dtype: int64
```

2. 数据可视化

In [25]:
```
#作品时长与播放量、作品数量、完播率、点赞率的关系
fig=plt.figure(figsize=(20,16))
fig.subplots_adjust(hspace=0.2)
ax1=fig.add_subplot(2,2,1)
duration_uids_nums.plot(ax=ax1)
plt.xlim(2,40)
plt.xlabel('作品时长')
plt.ylabel('播放量')
plt.title("作品时长与播放量的关系")
plt.grid(True)

ax2=fig.add_subplot(2,2,2)
duration_item_nums.plot(ax=ax2)
plt.xlim(2,40)
```

```
plt.xlabel('作品时长')
plt.ylabel('作品数量')
plt.title("作品时长与作品数量的关系")
plt.grid(True)

ax3=fig.add_subplot(2,2,3)
duration_time_f_1.plot(ax=ax3,y='finish')
plt.xlim(2,40)
plt.xlabel('作品时长')
plt.ylabel('完播率')
plt.title("作品时长与完播率的关系")
plt.grid(True)

ax4=fig.add_subplot(2,2,4)
duration_time_f_1.plot(ax=ax4,y='like')
plt.xlim(2,40)
plt.xlabel('作品时长')
plt.ylabel('点赞率')
plt.title("作品时长与点赞率的关系")
plt.grid(True)
```

运行结果如图 9-4 所示。

由图 9-4 可知：

① 不同时长作品播放量的分布与作品数量类似。

② 绝大多数作品分布在 10s 左右。

③ 完播率、点赞率与时长关系不大。

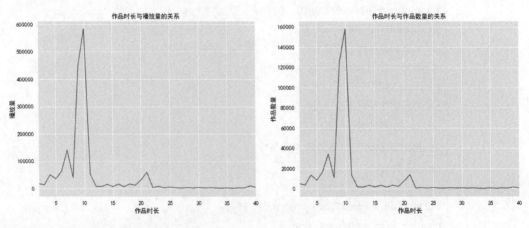

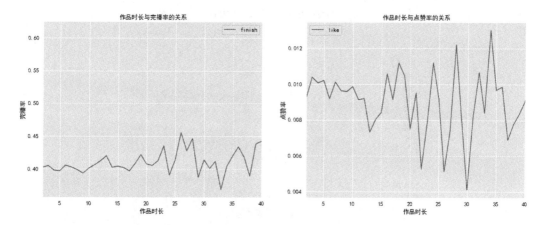

图 9-4 作品时长与播放量、作品数量、完播率、点赞率的关系

9.5.5 问题 5

微课 9-4
用户行为分析
实践操作（4）

1. 数据探索

In [26]:
```
#按作品发布时间（0，1，2，…，23 共 24 个时间段），统计完播率、点赞率
H_f_1=data.groupby('H').mean()[['finish', 'like']]
H_f_1.head()
```

Out[26]:

H	finish	like
0	0.403137	0.009347
1	0.407593	0.009439
2	0.409459	0.009949
3	0.395808	0.009494
4	0.409013	0.009718

2. 数据可视化

In [27]:
```
#作品发布时间与点赞率、完播率之间的关系
plt.figure(figsize=(12,8))
H_f_1.plot()
plt.xlabel('作品发布时间', {'fontsize': 10})
plt.ylabel('点赞率和完播率', {'fontsize': 10})
plt.title("作品发布时间与点赞率、完播率之间的关系", {'fontsize': 10})
plt.show();
```

运行结果如图 9-5 所示。

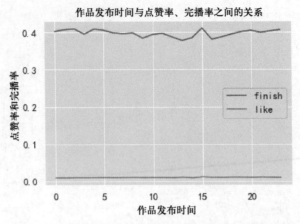

图 9-5　作品发布时间与点赞率、完播率之间的关系

由图 9-5 可知，不同时间段发布作品与点赞率、完播率的影响关系不大。

9.5.6　问题 6

1. 数据探索

In　[28]:
```
#按作品发布时间（0，1，2，…，23 共 24 个时间段），统计播放量
H_uid=data.groupby('H').count()['uid']
H_uid.head()
```

Out[28]:
```
H
0    111585
1     99062
2     93775
3     95218
4    106708
Name: uid, dtype: int64
```

In　[29]:
```
#统计播放量均值
H_u_m=H_uid.mean()
H_u_m
```

Out[29]:　72388.0

In　[30]:
```
#按作品发布时间（0，1，2，…，23 共 24 个时间段），统计投稿数
H_item=data.groupby('H')[ 'item_id'].nunique()
H_item.head()
```

Out[30]:
```
H
0    27258
1    23469
2    22400
3    23096
```

4   25227
Name: item_id, dtype: int64

2. 数据可视化

In　[31]:
```
#作品发布时间与播放量、投稿数之间的关系
fig=plt.figure()
ax1=fig.add_subplot(111)
ax1.plot(H_uid,c='#87CEFA', label='播放量')
plt.legend(loc='upper left')
plt.axhline(y=H_u_m, ls='--',c='b')
plt.xlabel('作品发布时间')
plt.ylabel('播放量')
ax2=ax1.twinx()
ax2.plot(H_item,label='投稿数')
plt.legend(loc='upper right')
plt.ylabel('投稿数')
plt.title("24 小时内播放量与投稿数的变化")
plt.show()
```

运行结果如图 9-6 所示。

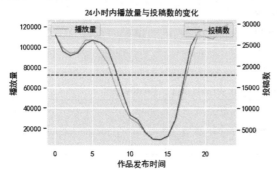

图 9-6　作品发布时间与播放量、投稿数之间的关系　　　　　　本页彩图

由图 9-6 可知：

① 投稿数与播放量的关系基本成正比，与时段无关。

② 10 点～17 点时间段，平台的投稿数与播放量相对较低（工作/学习时间）。

③ 19 点～0 点～5 点时间段，播放量相对较高。

9.5.7　问题 7

1. 数据探索

In　[32]:
```
#统计播放量top20 的背景音乐
music_20=data['music_id'].value_counts().iloc[:20]
```

```
#结果等价分组写法，但性能低，排序和取值的字段可以是任何其他列字段
#data.groupby('nusic_id').count().sort_values('uid',ascending=False).iloc[:20][ 'uid']
music_20.head()
```

Out[32]:
```
22.0     51627
220.0    41412
25.0     27837
68.0     22365
110.0    21087
Name: music_id, dtype: int64
```

In [33]:
```
#降序统计音乐播放量累计占比
music_p=data['music_id'].value_counts().cumsum()/len(data['ID'])
music_p
```

Out[33]:
```
22.0     0.029717
220.0    0.053553
25.0     0.069576
68.0     0.082450
110.0    0.094588
           ...
89439.0  0.999998
43417.0  0.999998
51937.0  0.999999
53361.0  0.999999
16769.0  1.000000
Name: music_id, Length: 40761, dtype: float64
```

In [34]:
```
#top20 背景音乐的作品的完播率、点赞率
music_f1=data.groupby('music_id')[[ 'finish', 'like']].mean().loc[music_20.index.values] music_
f1=head()
```

Out[34]:

music_id	finish	like
22.0	0.401476	0.007399
220.0	0.424346	0.006713
25.0	0.391278	0.009915
68.0	0.380371	0.007467
110.0	0.411296	0.006734

In [35]:
```
data['music_id'].value_counts()/len(data['uid'])
```

Out[35]:
```
22.0     2.971660e-02
220.0    2.383682e-02
25.0     1.602303e-02
```

```
68.0      1.287334e-02
110.0     1.213772e-02
          ...
89439.0   5.756018e-07
43417.0   5.756018e-07
51937.0   5.756018e-07
53361.0   5.756018e-07
16769.0   5.756018e-07
Name: music_id, Length: 40761, dtype: float64
```

2. 数据可视化

In　[36]:
```
#top20 背景音乐与播放量关系
x=music_20.index.astype('str').values
y=music_20.values
plt.figure(figsize=(12,4))
plt.bar(x,y)
plt.xlabel('歌曲 ID')
plt.ylabel('播放量')
plt.title('top20 背景音乐与播放量关系')
plt.show()
```

运行结果如图 9-7 所示。

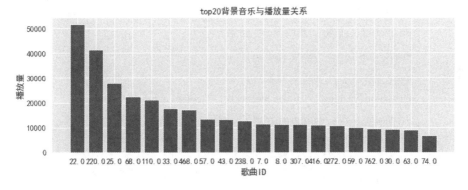

图 9-7　背景音乐与播放量关系

由图 9-7 可知，热门的背景音乐可以提高作品的播放量。

In　[37]:
```
#音乐播放量累计占比贡献
x=np.array(range(len(music_p)))/len(music_p)   #按音乐播放量降序的音乐数量占比
y=music_p.values
plt.figure(figsize=(12,4))
plt.plot(x,y)
```

```
plt.title('音乐播放量累计占比贡献')
plt.xlabel('音乐数量占比')
plt.ylabel('音乐播放量占比')
```

运行结果如图 9-8 所示。

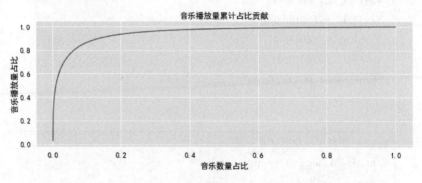

图 9-8　音乐播放量累计占比

由图 9-8 可知，大部分播放量的歌曲是小部分热门歌曲。

In　[38]:
```
#音乐与完播率、点赞率的关系
x=music_f1.finish.index.astype('str').values
y=music_f1.finish.values
fig2.music_axes=plt.subplots(2,1,figsize=(16,12), sharex=True)
music_axes[0]=plt.subplot(211)
plt.plot(x,y)
plt.title('排名前 20 的热门音乐完播率')
music_axes[0].set_xlabel('音乐 id')
music_axes[0].set_ylabel('完播率')
plt.axhline(y=music_f1.finish.mean(),ls='--', color='orange')
#x=music_f1.like.index.astype('str').values
y=music_f1.like.values
music_axes[1]=plt.subplot(212)
plt.plot(x,y)
plt.title('排名前 20 的热门音乐点赞率')
music_axes[1].set_xlabel('音乐 id')
music_axes[1].set_ylabel('点赞率')
plt.axhline(y=music_f1.like.mean(), ls='--', color='orange')
```

运行结果如图 9-9 所示。

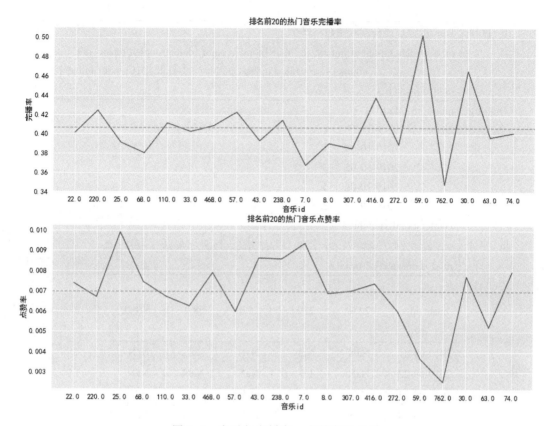

图 9-9　音乐与完播率、点赞率的关系

由图 9-9 可知，热门的背景音乐与完播率、点赞率没有多少关系。

微课 9-5
用户行为分析
实践操作（5）

9.5.8　问题 8

1. 数据探索

In [39]:
```
#top10 音乐播放量日变化，降序
m_d_d=data[['music_id', 'date']].value_counts()[data['music_id'].value_counts().
                                   iloc[:10].index.tolist()]
m_d_d.head()
```

Out[39]:　music_id　date

22.0　　2019-10-27　　7455

2019-10-25　　7264

2019-10-23　　7205

2019-10-26　　7161

2019-10-24　　7037

dtype: int64

```
In  [40]:   #top10 音乐播放量日变化，升序
            m_d_d=data.groupby(['music_id', 'date'])['uid'].count()[data.groupby('music_id').
                        count().sort_values('uid',ascending=False).iloc[:10].index.tolist()]
            m_d_d.head()
```

Out[40]: music_id   date
          22.0   2019-09-27   1
                    2019-10-04   1
                    2019-10-05   3
                    2019-10-06   5
                    2019-10-07   3
          Name: uid, dtype: int64

```
In  [41]:   #二级索引的序列转换为：行索引为日期值、列名为 music_id 值的 df
            m_d_d.unstack().T.head()
```

Out[41]:

music_id	22.0	220.0	25.0	68.0	110.0
date					
2019-09-21	NaN	NaN	NaN	NaN	NaN
2019-09-22	NaN	1.0	NaN	NaN	NaN
2019-09-23	NaN	NaN	NaN	NaN	1.0
2019-09-24	NaN	2.0	NaN	NaN	NaN
2019-09-25	NaN	1.0	NaN	NaN	NaN

33.0	468.0	57.0	43.0	238.0
1.0	NaN	NaN	2.0	NaN
40.0	NaN	NaN	27.0	NaN
121.0	NaN	70.0	49.0	NaN
280.0	NaN	126.0	130.0	NaN
259.0	NaN	143.0	142.0	NaN

2. 数据可视化

```
In  [42]:   #top10 音乐播放量日变化
            m_d_d.unstack().T.plot()
            plt.title("top10 音乐播放量日变化")
            plt.legend(loc='best')
            plt.show()
```

运行结果如图 9-10 所示。

由图 9-10 可知，在 2019-10-21 到 2019-10-30 时间段内，各背景音乐的播放量都有所增加，音乐排名越靠前，播放量增加幅度越高，推测该时间段有活动。

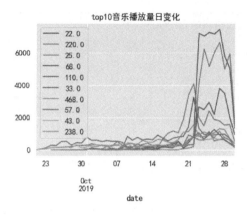

图 9-10 音乐播放量日变化

本页彩图

9.5.9 问题 9

1. 数据探索

In [43]:
```
#日播放量
d_uid=data.groupby('date').count()['uid']
#日用户
d_uid_n=data.groupby('date')[ 'uid'].nunique()
#日制作者
d_auth=data.groupby('date')[ 'author_id'].nunique()
#日投稿数
d_item=data.groupby('date')[ 'item_id'].nunique()
```

2. 数据可视化

In [44]:
```
plt.figure(figsize=(16,12))
plt.subplot(221)
d_uid.plot()
plt.title("全平台每日总播放量变化")
plt.subplot(222)
d_uid_n.plot()
plt.title("全平台每日用户数变化")
plt.subplot(223)
d_auth.plot()
plt.title("全平台每日制作者变化")
plt.subplot(224)
d_item.plot ()
```

```
plt.title("全平台每日投稿作品数变化")
plt.show()
```

运行结果如图 9-11 所示。

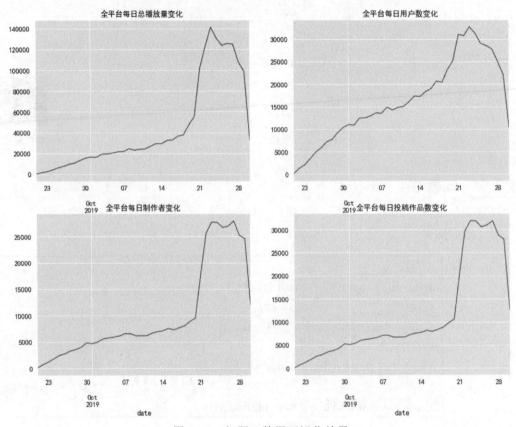

图 9-11　问题 9 数据可视化效果

由图 9-11 可知，平台视频数据日播放量、日用户、日制作者、日投稿数分布基本一致。由此推测，提高制作者数量，可以提升播放量。

9.5.10　问题 10

微课 9-6
用户行为分析
实践操作（6）

1. 数据探索

In　[45]:
```
#按观看来源分布统计，即用户观看渠道统计
channel=data.groupby('channel').count()['uid']
labels=channel.index
channel
```

Out[45]:　channel
　　　　　0　　1710980

```
2          2
3      25358
4        972
Name: uid, dtype: int64
```

2. 数据可视化

In　[46]:
```
labels2=labels.map({0:'0:手机软件', 2: '2:浏览器', 3: '3:微信分享', 4: '4:用户搜索'})
plt.figure(figsize=(8, 6))
plt.axes(aspect=1)
plt.pie(channel, labels=labels, autopct='%0.2ff%%', labeldistance=0.8, pctdistance=1.2)
plt.title("某视频平台作品来源分布扇形图")
plt.legend(labels=labels2, loc='upper right')
plt.show()
```

运行结果如图 9-12 所示。

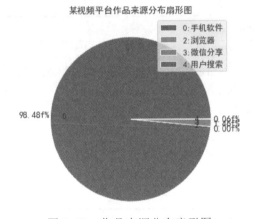

图 9-12　作品来源分布扇形图

本页彩图

由图 9-12 可知：

① 98.48%的作品来源于渠道 0 被观看，渠道 0 表示用户通过 App 观看视频。

② 渠道 2 是用户搜索。

③ 渠道 3 是微信、微博、小红书类的转发分享。

④ 渠道 4 是浏览器、广告类。

9.5.11　问题 11

1. 数据探索

In　[47]:
```
#活动影响新增总人数
newusers=data[(data['date']>='2019-10-21') & (data['date']<'2019-10-30')]['uid']
```

```
oldusers=data[data['date']<'2019-10-21']['uid']
addedusers=newusers.nunique()-newusers[newusers.isin(oldusers)].nunique()
print('活动期间新增总人数:{}'.format(addedusers))
```

Out[47]: 活动期间新增总人数：5949

In [48]:
```
newusers.count()
```

Out[48]: 1077880

In [49]:
```
#查看各项指标在活动前后的具体变化情况，以 10 月 21 日作为活动发生前后的分界
#查看平台播放量前后变化倍数
pv_before=data.groupby("date")["uid"].count()["2019-09-21":"2019-10-20"].mean()
pv_after=data.groupby("date")["uid"].count()["2019-10-21":"2019-10-30"].mean()
pv_n=pv_after/pv_before
print("活动后播放量是活动前的%.2f 倍"%pv_n)
```

Out[49]: 活动后播放量是活动前的 5.31 倍

In [50]:
```
pv_before
```

Out[50]: 20906.166666666668

In [51]:
```
#查看日用户数前后变化倍数
dau_before=data.groupby("date")["uid"].nunique()["2019-09-21":"2019-10-20"].mean()
dau_after=data.groupby("date")["uid"].nunique()["2019-10-21":"2019-10-30"].mean()
dau_n=dau_after/dau_before
print("活动后的日活跃用户数是活动前的%.2f 倍"%dau_n)
```

Out[51]: 活动后的日活跃用户数是活动前的 2.14 倍

2. 数据可视化

In [52]:
```
fig=plt.figure(figsize=(16,12))
plt.subplot(131)
X=['newusers', 'oldusers']
Y=[newusers.count(), oldusers.count()]
plt.bar(X,Y,width=0.5)
plt.title('活动前后人数对比')
plt.xlabel('用户')
plt.ylabel('数量')

plt.subplor(132)
X=['pv_before', ' pv_after']
Y=[pv_before, ' pv_after]
plt.bar(X,Y,width=0.5)
plt.title('活动前后播放量对比')
plt.xlabel('播放量')
```

```
plt.ylabel('数量')
plt.subplot(133)
X=['dau_before','dau_after']
Y=[dau_before,dau_after]
plt.bar(X,Y,width=0.5)
plt.title('活动前后用户数对比')
plt.xlabel('用户数')
plt.ylabel('数量')
plt.show()
```

运行结果如图 9-13 所示。

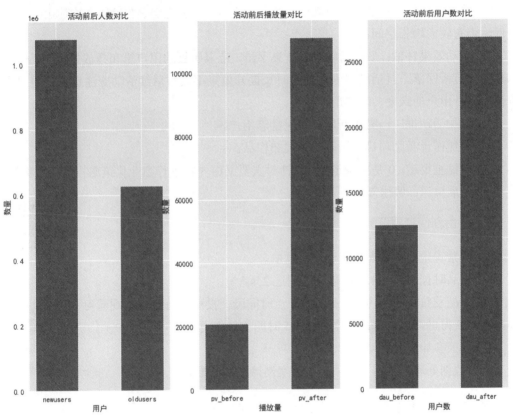

图 9-13　活动前后对比

由图 9-13 可知，活动对于增加新用户、播放量、用户活跃度有大幅度提高。

依据业务和问题，从不同维度（一个特征或列名可以理解为一个维度）来度量（被聚合的统计值）结果，做统计量分析、周期性分析、相关性分析。统计量分析指用统计指标对定量数据进行统计描述，常从集中趋势和离中趋势两个方面进行分析，如作品播放量累计占比贡献率。周期性分析是探索某个变量是否随着时间变化而呈现出某种周期变化趋势，如日播放量随时间的变化趋势。相关分析是对变量两两之间的相关程度进行分析，如作品发布时间与点赞率和完播率之间的关系。依据业务和问题，将度量的结果使用不同的图形库和图表进行可视化。

9.6　结论

1. 平台运营诊断与建议

① 整体指标诊断：平台用户规模持续稳步上升，增长态势良好，但人均使用时长水平较低，仍有较大增长空间。

② 活动效果评估：平台活动拉新效果不错，带来明显的用户量和播放量提升，但活动末期指标有所回落，且活动对人均使用时长提升效果不大，后续活动应注重挖掘用户个体价值，提升用户活跃度，培养用户粘性。

③ 增加活动推广：吸引新用户，保持老用户。

④ 增加作者激励项目：激励作者发布作品。

⑤ 深挖主渠道：0 是主渠道，可以针对主要渠道内容进行商业化策略投放，效率更高。

⑥ 扩展渠道：吸引新用户。

2. 平台创作者建议

拓展阅读 9-6-1

① 背景音乐：视频配乐优选热门歌曲。

② 作品时长：7 s～12 s，最好不超过 23s。

③ 作品发布时间：19 点～0 点～5 点时间段，投稿更符合用户观看习惯，容易获得更高播放量，其中 0 点～5 时间段效果更佳。

拓展阅读 9-6-2

④ 积极参加平台活动。

更多数据处理与预测分析项目拓展案例请扫描二维码查看。

参考文献

[1] 黑马程序员. Python 数据分析与应用：从数据获取到可视化[M]. 北京：中国铁道出版社，2019.

[2] 罗攀. 从零开始学 Python 数据分析[M]. 北京：机械工业出版社，2018.

[3] Wes McKinne. 利用 Python 进行数据分析[M]. 2 版. 徐敬一，译. 北京：机械工业出版社，2018.

[4] Ivan Idris. Python 数据分析基础教程：NumPy 学习指南[M]. 2 版. 张驭宇，译. 北京：人民邮电出版社，2014.

[5] Armando Fandango. Python 数据分析[M]. 2 版. 韩波，译. 北京：人民邮电出版社，2018.

[6] Charles R Harris，K Jarrod Millman，Travis E Oliphant，et al. Array Programming with NumPy[J]. Nature，2020(7825).

读者意见反馈

为收集对教材的意见建议，进一步完善教材编写并做好服务工作，读者可将对本教材的意见建议通过如下渠道反馈至我社。

咨询电话 400-810-0598

反馈邮箱 gjdzfwb@pub.hep.cn

通信地址 北京市朝阳区惠新东街 4 号富盛大厦 1 座 高等教育出版社总编辑办公室

邮政编码 100029